| 联合资助 | 国家自然科学基金项目"过去700年罗布泊西岸河网格局的转变及其驱动机制"(42207508)
国家自然科学基金项目"罗布泊地区中晚更新世时期强干旱风蚀事件"(42072215)
科学技术部科技基础性工作专项重点项目"罗布泊地区自然与文化遗产综合科学考察"(2014FY210500)
中国科学院战略性先导科技专项子课题"'干极'演变的沉积记录与地层年代学"(XDB26020301) |

过去两千年罗布泊人群生存环境与路网变迁

Subsistence Environments and Road Network Dynamics in the Lop Nur Region over the Last Two Millennia

李康康 秦小光 著

内容简介

本书是对罗布泊地区历史时期人类活动与生存环境以及古交通路线的阶段性系统梳理。本书以环罗布泊的广大荒漠(雅丹、移动沙丘、戈壁等地貌单元)区域为核心研究区,分析了古代遗址的碳十四年代与交通联系,论述了人类活动区的环境特征,探讨了人与环境的互动,比如过去基础建设与水-植被-雅丹的相互关系。基于塔里木河流域古植被的碳十四年代与现代林地的树轮年代等数据,笔者编制了过去千年塔里木盆地的水文变化曲线,并解释其科学意义,包括水文丰枯状态对丝绸之路连通性的潜在影响以及对现代区域水资源管理的启示。本书通过长期野外实地调查,不仅呈现了大量原始图件,而且提供了大量科学数据,是罗布泊(楼兰)环境考古研究的最新成果。

本书可供古环境、考古、年代学、历史地理、地貌、丝绸之路、民族学等领域的科研人员参考使用。

图书在版编目(CIP)数据

过去两千年罗布泊人群生存环境与路网变迁/李康康,秦小光著. —武汉:中国地质大学出版社,2025.3. —ISBN 978-7-5625-6160-6

Ⅰ.P942.450.78

中国国家版本馆 CIP 数据核字第 20251ZU064 号

过去两千年罗布泊人群生存环境与路网变迁		李康康 秦小光 著
责任编辑:龙昭月	选题策划:龙昭月	责任校对:徐蕾蕾
出版发行:中国地质大学出版社(武汉市洪山区鲁磨路388号)		邮政编码:430074
电 话:(027)67883511	传 真:(027)67883580	E-mail:cbb @ cug.edu.cn
经 销:全国新华书店		https://cugp.cug.edu.cn
开本:787mm×1092mm 1/16		字数:279千字 印张:12.25
版次:2025年3月第1版		印次:2025年3月第1次印刷
印刷:武汉中远印务有限公司		
ISBN 978-7-5625-6160-6		定价:98.00元

如有印装质量问题请与印刷厂联系调换

序 Preface

罗布泊一直是吸引世人关注的神秘之地，古楼兰更是新疆一张闻名遐迩的文化名片。前期（2014—2019 年），在科学技术部科技基础性工作专项重点项目"罗布泊地区自然与文化遗产综合科学考察"（2014FY210500）的支持下，我们对罗布泊无人区开展了大规模野外实地调查，获得大量第一手材料。

在罗布泊综合科考项目结束后，我们出版了《罗布泊地区古代文化与古环境》一书，系统梳理、总结了我们对罗布泊盐湖、雅丹、河流等自然环境和小河、楼兰等古代文化方面的新发现和新认识。据此，中央电视台纪录片频道专门拍摄了4 集专题纪录片《我所经历的罗布荒原》，介绍了其中的部分成果。

此后，在中国科学院战略性先导科技专项子课题"'干极'演变的沉积记录与地层年代学"（XDB26020301）和国家自然科学基金项目"罗布泊地区中晚更新世时期强干旱风蚀事件"（42072215）、"过去 700 年罗布泊西岸河网格局的转变及其驱动机制"（42207508）的支持下，我们继续聚焦罗布泊地区古代人群生存环境与人类活动兴衰等研究方向与科学问题，这涉及地质、地貌、古环境古气候、年代学、遥感、科技考古等领域的理论与方法。在充分利用罗布泊科考采集的实物材料的基础上，我们应用了多种技术手段对不同样品进行针对性、多角度分析。同时，我们再次（多次）深入罗布泊无人区的核心地带（雅丹荒漠区）开展野外调查工作，查证新的遗址、采集样品，获得一系列新的研究成果。

本书重点介绍了两千年以来罗布泊地区的环境变化以及人与环境的互动。例如根据遗址中古人利用的各种植物、雅丹地层记录的洪水沉积、楼兰荒漠中广泛分布的枯死植物残体等材料，探讨了汉晋、唐宋、元明、清末民国初等各时段的环境特点。特别是重建了过去一千年塔里木河的水文变化，揭示出罗布泊地区间歇性丰水期的水文变化特点。这些工作为我们理解罗布泊西岸（楼兰地区）历史时期人类活动不连续（无继承性）的兴衰过程，提供了关键环境背景信息。

本书还介绍了罗布泊地区丝绸之路南线，首次系统梳理和总结了近年来关于南线道路遗迹及其附属驿站、古城、疑似古墓群的新发现。书中专门讨论了丝绸之路南道与阿尔金山前断裂构造、雅丹地貌的联系，凸显出自然环境对古人择路的影响。这些内容为今后丝绸之路的深入研究提供了宝贵的素材。

  本书是极端干旱区过去人与环境相互作用研究领域的一次实践总结,也是丝绸之路和古楼兰研究的新成果。因作者视野限制,其中的观点和认识尚属一孔之见和一家之言,热烈欢迎有识之士不吝批评指正。

2025 年 2 月于北京

前言

Introduction

人生宛如一盒巧克力,你永远不知道下一颗的味道,而罗布泊是其中最让我心里百味杂陈的一颗。我于2015年进入中国科学院地质与地球物理研究所攻读硕士研究生,后转为博士研究生。在初次见导师时,秦老师和我谈起他在罗布泊野外考察的点点滴滴,那些关于风沙和古迹的故事。尽管那时的我未能全然领悟其中深意,但我真切地感受到了秦老师对罗布泊不灭的热情,这点燃了我对那片遥远土地的无限向往。当我第一次进入罗布荒原开展地质—环境—考古联合野外调查工作时,看到如此荒凉的自然景观与丰富的古文化遗迹,好似时间倒流,自己呆滞在那里。从此,罗布泊成了我心中的牵挂,无法割舍。

每当师友们询问罗布泊考察次数时,我往往陷入沉思,难以给出一个简单的数字。罗布泊是我国四大无人区之一,因极端干旱的气候条件和使人极易迷失方向的雅丹地貌环境,被称为"生命禁区"和"死亡之海"。2016年的野外考察持续了两个多月,工作内容主要是调查古楼兰遗址群与周边地貌环境特征,科考队在雅丹区扎营。由于当时是科考队里年纪最小、无人区野外经验最为匮乏的成员,我在野外工作期间不仅被强光晒(烧)伤了皮肤,双脚全是血泡且肿得无法行走,而且多次晚饭后呕吐(当时不敢让老师们知道)。在2018年5—6月的野外考察期间,我们曾计划穿越楼兰雅丹区,由楼兰古城前往LK遗址,这两点之间的直线距离虽仅约50km,但沿途的艰难险阻远非数字所能衡量的。在经历近8个小时的颠簸后,当我们距LK遗址仅2km时,一场突如其来的沙尘暴阻挡了我们的去路。我起初尝试拿出帐篷扎营,但在下一秒就被证明这是个极差的想法。帐篷被风暴无情地卷走,我努力去追帐篷,却越追越远、越来越模糊,甚至渐渐迷失了自己……直到一位老师将我抓住,将我从混沌中唤醒。至此,我依然觉得自己是幸运的,幸运地能够继续前往罗布泊,幸运地能够坚持初心,幸运地能够将这份探索与传承的信念进行到底。

本书是罗布泊地区自然与文化遗产综合科学考察成果的自然延续,吸收了近年来发表在国内外学术平台上关于历史时期罗布泊环境与考古研究的最新成果。第1章至第5章介绍了两千年来罗布泊地区的主要人类活动遗迹、碳十四年代与环境背景,探讨了人与环境的互动;第6章重点介绍了过去千年塔里木盆地内部水文变化的重建工作,讨论了流域水资源与连通性变化在古交通线废弃方面的可能作用和对塔里木河流域水文变化预测工作的启示;第 7 章介绍了罗布泊阿奇克谷地古代交通线、沿线古遗迹及其年代与环境背景,探讨了环境与路网分布的相互关系。第 1 章至第 6 章由李康康执笔,第 7 章由秦小光和李秋执笔。第 1 章至第 6 章的图件由李康康绘制,野外照片由李康康、秦小光、任晖、张敖和马贺等拍摄,引用的图件均标注了来源;第 7 章的图件由秦小光、李秋和李康康共同绘制,野外照片由秦小光拍摄。全书由李康康和秦小光统稿和修改。

关于第 1 章至第 6 章的野外考察内容,参加野外工作的人员分别来自中国科学院地质与地球物理研究所(刘嘉麒、秦小光、许冰、张磊、李康康、顾兆炎、吕厚远、吴乃琴、刘丽、任晖、唐自华、张健平、徐德克和邓振华等)、中国科学院新疆生态与地理研究所(穆桂金、艾里西尔·库尔班、潘燕芳、林永崇、李文和宋昊泽等)、中国科学院遥感与数字地球研究所(邵芸、宫华泽和耿瑜阳等)、吉林大学考古学院(魏东、王春雪和邵会秋等)、河北地质大学(贾红娟等)、新疆文物考古研究所(吴勇、田小红、阮秋荣和胡兴军等)和若羌县楼兰博物馆(焦迎新、崔有生、冯京和玉米提江·吐尔逊等)。在第 7 章中,参加野外工作的人员分别来自中国科学院地质与地球物理研究所(秦小光、李康康、李秋、李睿佶、汉景泰、许冰、王灿和任晖等)、中国科学院新疆生态与地理研究所(穆桂金和宋昊泽等)、新疆文物考古研究所(吴勇和田小红等)和若羌县楼兰博物馆(崔有生、冯京和玉米提江·吐尔逊等)。在野外调查期间,科考队得到若羌县委和县政府(李绍忠、艾山江·艾塔洪和刘红等)、若羌县文物局(李义宏和李建峰等)和国投新疆罗布泊钾盐有限责任公司(颜辉、张凡凯、赵亮亮和马宝成等)的大力支持;同时,感谢丁晓炯为我们提供野外位置信息。

本书中的测试分析工作也得到多位老师的帮助。感谢北京大学周力平教授和中国社会科学院考古研究所王树芝研究员分别在光释光测年与考古木材鉴定方面给予的指导。感谢 Queen's University Belfast(贝尔法斯特女王大学,又称英国女王大学)的 Gill Plunkett、David Brown、Gerard Barrett、Maarten Blaauw 和 Paula Reimer 等同事在古生态、树轮年代学和碳十四年代测定等方面给予的无私指导。在考古学研究方面,多次得到王炳华先生的热情指导,并多次与 James Mallory 教授讨论相关问题,两位老师提出了建设性建议,在此谨致谢忱。此外,还要感谢罗布泊科考纪录片摄制团队成员(吴向列、刘鸿彦、宗平、张敖、钱钰和陈江等)给予的帮助和鼓励。

  在本书出版之际,我内心涌动着对多位致力于罗布泊研究及关心此领域的前辈们的深切感激。在中国科学院地质与地球物理研究所学习和工作的 9 年间,我的研究始终聚焦在罗布泊环境与人类活动相互关系这一科学问题上。刘东生先生在 87 岁高龄时仍毅然地前往罗布泊考察,成为了我坚守罗布泊研究道路上的一座灯塔。为罗布泊考察与研究奉献一生的夏训诚先生和罗布泊综合科考的倡导者刘嘉麒院士,始终心系科考工作的进展,多次亲临汇报会或野外现场来指导我们的科考工作。这份对年轻人的关怀与激励,无疑是我们不断前行的强大动力。此外,来自中国科学院与地球物理研究所和其他相关单位的多位院士专家亲赴罗布泊野外考察,无不激励我在罗布泊研究上一路前行。

  本书凝聚了所有科考队员的辛勤汗水与不懈努力,是团队协作与集体智慧的结晶,是打破学科壁垒的一次有益尝试。因作者水平有限,书中仍难免存在不足之处,恳请读者批评指正。

李康康

2025 年元月于珞珈山

目录

第 1 章　绪　论 / 1

1.1　罗布泊自然环境 / 1
1.2　古丝路交通线 / 6
1.3　研究方法 / 7

第 2 章　汉晋时期的罗布泊环境与古楼兰兴衰 / 11

2.1　古楼兰遗址群 / 12
2.2　古楼兰的建筑用材与年代 / 49
2.3　楼兰北部古水文重建 / 56
2.4　楼兰时期人与环境相互作用 / 60

第 3 章　唐宋时期的罗布泊环境与人类活动 / 65

3.1　遗　址 / 65
3.2　人与环境的互动 / 69

第 4 章　元明时期的罗布泊环境与人类活动 / 71

4.1　遗　址 / 71
4.2　生态环境 / 74
4.3　人与环境的相互关系 / 88

第 5 章　清至民国时期的罗布泊环境与人类活动 / 89

5.1　罗布人聚落 / 89
5.2　环境条件 / 91

第 6 章　过去千年塔里木盆地水文变化及其与交通线废弃的联系 / 94

6.1　水文变化记录 / 94
6.2　当前流域水文状态与启示 / 98
6.3　枯水期与陆地交通线废弃 / 99

第 7 章　罗布泊地区交通路线及其变迁 / 100

7.1　历史记载中的丝绸之路南道 / 100

7.2　阿奇克谷地气候与地质环境背景 / 106

7.3　丝绸之路南道遗迹遥感和野外基本特征 / 109

7.4　丝绸之路南道——阿奇克谷地南岸古道沿途遗址 / 111

7.5　古道和遗址周边环境特征 / 127

7.6　历史背景分析 / 132

7.7　主要认识和结论 / 136

主要参考文献 / 137

附　录 / 156

插图目录

图 1.1.1　罗布泊沙尘暴 / 1

图 1.1.2　塔里木盆地高程与水系分布 / 2

图 1.1.3　现今塔里木河下游的绿洲荒漠景观 / 2

图 1.1.4　罗布泊地区水系分布 / 3

图 1.1.5　罗布泊干湖区 / 3

图 1.1.6　罗布泊地区的雅丹地貌 / 5

图 1.2.1　古丝绸之路路网空间分布简图 / 7

图 2.0.1　罗布泊地区汉晋时期重要人类活动遗迹空间分布示意图 / 11

图 2.1.1　楼兰古城遗址的俯瞰图和特征建筑 / 12

图 2.1.2　楼兰古城遗址碳十四年代数据的拟合校正结果 / 16

图 2.1.3　土垠遗址 / 17

图 2.1.4　土垠遗址碳十四年代数据的校正结果 / 18

图 2.1.5　LB 遗址 / 19

图 2.1.6　LB 遗址碳十四年代数据的校正结果 / 19

图 2.1.7　楼兰东北佛塔旁居址群 / 20

图 2.1.8　楼兰东北佛塔旁居址群碳十四年代数据的校正结果 / 21

图 2.1.9　地表散落的木构件 / 22

图 2.1.10　张币遗址碳十四年代数据的校正结果 / 23

图 2.1.11　双河遗址地表散落的陶片（A）和雅丹地层中埋藏的陶片（B） / 23

图 2.1.12　双河遗址碳十四年代数据的校正结果 / 24

图 2.1.13　楼兰东南房舍遗址 / 25

图 2.1.14　楼兰东南房舍碳十四年代数据的校正结果 / 25

图 2.1.15　方城遗址 / 26

图 2.1.16　方城遗址碳十四年代数据的校正结果 / 27

图 2.1.17　LF 遗址 / 28

图 2.1.18　LK 遗址 / 28

图 2.1.19　LK 遗址碳十四年代数据的拟合校正结果 / 29

图 2.1.20　LL 遗址 / 30

图 2.1.21　LL 遗址碳十四年代数据的校正结果 / 31

图 2.1.22　LM 遗址 / 31

图 2.1.23　咸水泉古城线画图 / 32

图 2.1.24　咸水泉遗址碳十四年代数据的拟合校正结果 / 33

图 2.1.25　麦德克遗址 / 33

图 2.1.26　营盘遗址野外照片 / 34

图 2.1.27　营盘遗址碳十四年代数据的校正结果 / 35

图 2.1.28　米兰遗址 / 35

图 2.1.29　米兰遗址碳十四年代数据的校正结果 / 36

图 2.1.30　且尔乞都克遗址 / 36

图 2.1.31　且尔乞都克遗址碳十四年代数据的校正结果 / 37

图 2.1.32　墓葬遗迹 / 38

图 2.1.33　瓦石峡遗址碳十四年代数据的校正结果 / 38

图 2.1.34　孤台古墓的平面图（A）与散落地表的木材与骨骼遗存（B）/ 39

图 2.1.35　孤台古墓碳十四年代数据的校正结果 / 40

图 2.1.36　平台古墓的野外地貌环境 / 40

图 2.1.37　平台古墓碳十四年代数据的校正结果 / 41

图 2.1.38　09LE53 墓地野外照片 / 42

图 2.1.39　09LE53 墓地碳十四年代数据的校正结果分布 / 42

图 2.1.40　09LE31 墓地照片 / 43

图 2.1.41　09LE31 墓地碳十四年代数据的校正结果 / 44

图 2.1.42　2015 一号墓地平面图 / 44

图 2.1.43　2015 一号墓地碳十四年代数据的校正结果 / 45

图 2.1.44　楼兰壁画墓 / 46

图 2.1.45　黑山岭矿冶遗址 / 46

图 2.1.46　黑山岭矿冶遗址碳十四年代数据的拟合校正结果 / 47

图 2.1.47　小河古城野外照片 / 48

图 2.1.48　小河古城碳十四年代数据的拟合校正结果 / 48

图 2.2.1　胡杨木材的显微解剖照片 / 49

图 2.2.2　古楼兰遗址（城址和村落等）中各类植物样品的碳十四年代数据分布 / 54

图 2.2.3　古楼兰遗址（非墓葬）的碳十四拟合年龄分布 / 55

图 2.2.4　古楼兰墓葬碳十四年代数据的拟合校正结果 / 56

图 2.3.1　天然雅丹剖面位置 / 57

图 2.3.2　剖面岩性与沉积物粒度特征 / 57

图 2.3.3　剖面光释光年龄-采样深度示意图 / 59

图 2.3.4　研究剖面中不同沉积物的粒径分布曲线 / 59

图 2.4.1　楼兰古城附近古洪水地貌 / 61

图 2.4.2　埋藏古河道中炭屑碳十四年代数据的校正结果 / 62

图 2.4.3　高大雅丹顶部的古楼兰墓葬 / 63

图 3.1.1　米兰遗址 / 65

图 3.1.2　米兰遗址碳十四年代数据的拟合校正结果 / 66

图 3.1.3　瓦石峡遗址的冶炼遗迹 / 67

图 3.1.4　瓦石峡遗址碳十四年代数据的拟合校正结果 / 67

图 3.1.5　克亚克都克烽燧遗址野外照片 / 68

图 3.1.6　克亚克都克烽燧遗址碳十四年代数据的校正结果 / 69

图 4.1.1　14-居址-1 遗址 / 71

图 4.1.2　14-居址-1 遗址碳十四年代数据的校正结果 / 72

图 4.1.3　古水渠遗址 / 73

图 4.1.4　古水渠遗址碳十四年代数据的校正结果 / 74

图 4.2.1　罗布泊元明时期古林地 / 75

图 4.2.2　古河道胡杨样品和其他材料样品年代分布频数 / 76

图 4.2.3　塔里木河流域古植被碳十四年代数据的空间分布 / 77

图 4.2.4　塔里木河上游植物遗存碳十四年代数据的拟合校正结果 / 77

图 4.2.5　克里雅河植物遗存碳十四年代数据的拟合校正结果 / 78

图 4.2.6　尼雅河植物遗存碳十四年代数据的拟合校正结果 / 78

图 4.2.7　塔里木河中游河道分布 / 79

图 4.2.8　塔里木河中游植物遗存碳十四年代数据的拟合校正结果 / 79

图 4.2.9　罗布泊西岸植物遗存碳十四年代数据的拟合校正结果 / 80

图 4.2.10　塔里木盆地植物遗存碳十四年代数据的拟合校正结果 / 81

图 4.2.11　野外采集胡杨树盘样品 / 83

图 4.2.12　野外采集柽柳树轮样品 / 83

图 4.2.13　木材样品横切面显微照片 / 84

图 4.2.14　本研究所有胡杨样品的年轮宽度序列 / 85

图 4.2.15　两条重复度较高的胡杨轮宽序列与碳十四测年结果 / 85

图 4.2.16　摇摆匹配拟合的碳十四测年结果 / 86

图 4.2.17　3 条重复度较高的柽柳年轮宽度序列与碳十四测年结果 / 86

图 4.2.18　本研究其他 3 条柽柳年轮宽度短序列 / 87

图 4.2.19　柽柳年轮宽度长序列与碳十四测年结果 / 87

图 5.1.1　喀拉和顺西岸的圆形遗址 / 89

图 5.1.2　遗址附近地貌环境 / 90

图 5.1.3　罗布泊西南岸的芦苇房子 / 90

图 5.2.1　塔里木河流域现代胡杨树轮样品空间分布 / 91

图 5.2.2　塔里木河流域现代林地胡杨树木起始生长时间的概率分布 / 92

图 5.2.3　20 世纪上半叶罗布泊地区的水文景观 / 93

图 6.1.1　塔里木盆地与周边古气候古环境重建 / 95

图 6.1.2　塔里木盆地倒数第 2 次丰水期(约 1170～1500CE)水系配置变化示意图 / 96

图 6.1.3　塔里木盆地末次枯水期(约 1500～1650CE)水系配置变化示意图 / 97

图 6.1.4　塔里木盆地末次丰水期(约 1650～1900CE)水系配置变化示意图 / 97

图 7.1.1　历史记录显示的古道路走向与部分位置节点 / 105

图 7.1.2　罗布泊地区古丝绸之路主要古道位置图 / 106

图 7.2.1　阿奇克谷地地理位置及主要断裂分布图 / 106

图 7.2.2　阿奇克谷地及北山—阿尔金山地形横剖面示意图 / 107

图 7.2.3　阿奇克谷地西部(图 7.2.1 中 A 区驿站周边)的植被分区及地表沉积物 / 108

图 7.3.1　阿奇克谷地南岸古道遥感图像 / 110

图 7.4.1　阿奇克谷地南岸古道沿途驿站古城遗址分布及地形横剖面示意图 / 112

图 7.4.2　阿奇克谷地东南驿站 / 112

图 7.4.3　阿奇克谷地东南驿站平面结构和测年样品位置图 / 113

图 7.4.4　阿奇克谷地东南驿站碳十四年代数据的拟合校正结果 / 114

图 7.4.5　阿奇克谷地东南驿站平面结构 / 115

图 7.4.6　"回"字形古城与古城东南驿站照片 / 116

图 7.4.7　"回"字形古城东疑似墓葬遗迹 / 117

图 7.4.8　乱岗东驿站遗址和哨卡位置 / 118

图 7.4.9　乱岗东驿站地面盐壳景观 / 118

图 7.4.10　乱岗东驿站遗址的残存墙体 / 119

图 7.4.11　乱岗东驿站遗址与遗物 / 120

图 7.4.12　乱岗东驿站碳十四年代数据的校正结果 / 121

图 7.4.13　阿奇克谷地南岸乱岗西驿站遗址（A）与雅丹垄岗上的哨卡（B） / 122

图 7.4.14　乱岗西驿站遗址建筑 / 122

图 7.4.15　乱岗西驿站哨卡 / 123

图 7.4.16　乱岗西驿站遗址中的遗物及其发现的地理位置 / 124

图 7.4.17　乱岗西驿站哨卡碳十四年代数据的校正结果 / 125

图 7.4.18　红柳沟南口戍堡 / 126

图 7.4.19　红柳沟南口戍堡碳十四年代数据的校正结果 / 127

图 7.5.1　阿尔金断裂系的地貌表现 / 128

图 7.5.2　乱岗驿站周围地貌剖面示意图 / 129

图 7.5.3　洪积扇上发育的罗布泊 1 号大峡谷 / 129

图 7.5.4　阿奇克谷地风蚀地貌 / 130

图 7.5.5　阿奇克谷地南岸断裂导致的浅地下水水位 / 131

图 7.6.1　阿奇克谷地南侧古道驿站测年与历史事件对比 / 134

插表目录

表 2.1.1　楼兰古城遗址的碳十四测年数据 / 13

表 2.1.2　土垠遗址的碳十四测年数据 / 17

表 2.1.3　LB 遗址的碳十四测年数据 / 19

表 2.1.4　楼兰东北佛塔旁居址群的碳十四测年数据 / 20

表 2.1.5　张币遗址的碳十四测年数据 / 22

表 2.1.6　双河遗址的碳十四测年数据 / 23

表 2.1.7　楼兰东南房舍的碳十四测年数据 / 25

表 2.1.8　方城遗址的碳十四测年数据 / 26

表 2.1.9　LK 遗址的碳十四测年数据 / 29

表 2.1.10　LL 遗址的碳十四测年数据 / 30

表 2.1.11　咸水泉遗址的碳十四测年数据 / 32

表 2.1.12　营盘遗址的碳十四测年数据 / 34

表 2.1.13　米兰遗址的碳十四测年数据 / 36

表 2.1.14　且尔乞都克遗址的碳十四测年数据 / 37

表 2.1.15　瓦石峡遗址的碳十四测年数据 / 38

表 2.1.16　孤台古墓的碳十四测年数据 / 39

表 2.1.17　平台古墓的碳十四测年数据 / 41

表 2.1.18　09LE53 墓地的碳十四测年数据 / 42

表 2.1.19　09LE31 墓地的碳十四测年数据 / 43

表 2.1.20　2015 一号墓地的碳十四测年数据 / 45

表 2.1.21　黑山岭矿冶遗址的碳十四测年数据 / 47

表 2.1.22　小河古城的碳十四测年数据 / 48

表 2.2.1　楼兰遗址群木材鉴定样品 / 50

表 2.3.1　剖面光释光测年结果 / 58

表 2.4.1　埋藏古河道中植物的碳十四年代数据 / 61

表 3.1.1　米兰遗址的碳十四测年数据 / 66

表 3.1.2　瓦石峡遗址的碳十四测年数据 / 67

表 3.1.3　克亚克都克烽燧遗址的碳十四测年数据 / 68

表 4.1.1　14-居址-1 遗址的碳十四测年数据 / 72

表 4.1.2　古水渠遗址的碳十四测年数据 / 73

表 4.2.1　胡杨样品的年轮分析结果 / 81

表 4.2.2　柽柳样品的年轮分析结果 / 82

表 7.4.1　阿奇克谷地东南驿站的碳十四测年数据 / 114

表 7.4.2　乱岗东驿站遗址的碳十四测年数据 / 120

表 7.4.3　西驿站哨卡的碳十四测年数据 / 125

表 7.4.4　红柳沟南口戍堡的碳十四测年数据 / 127

附表 1.1　塔里木盆地中世纪古林地的碳十四测年数据 / 156

附表 2.1　胡杨年轮宽度 / 166

附表 2.2　柽柳年轮宽度 / 170

第1章 绪 论

1.1 罗布泊自然环境

罗布泊位于青藏高原北侧最大沉降盆地的东端,曾是塔里木河流域的汇水沉积中心。罗布泊沉积序列记录了我国西北干旱区数百万年以来的气候环境变迁历史(Liu et al.,2014),丰水期(湿润期)与枯水期(干旱期)交替变换是该区域晚第四纪环境变化的主要特征(Li et al.,2024b)。罗布泊地区广泛发育风蚀雅丹与移动沙丘地貌(Lin et al.,2018;Yang et al.,2019),是亚洲粉尘源区(图1.1.1)的重要组成部分。现今,罗布泊地区的年均降水量小于20mm,潜在蒸发量大于3000mm(夏训诚等,2007),是欧亚大陆的干旱核心区,被称为"亚洲干极"(秦小光等,2023)。

图1.1.1 罗布泊沙尘暴

1.1.1 河湖地貌

20世纪中叶以来,新疆南部工农业的快速发展使得用水量剧增,导致塔里木河下游水量减少甚至出现断流,罗布泊逐渐干枯(图1.1.2)。自2001年始,国家实施塔里木河流域综合治理项目,旨在抢救塔里木河下游至台特玛湖一带的生态廊道(图1.1.3)。

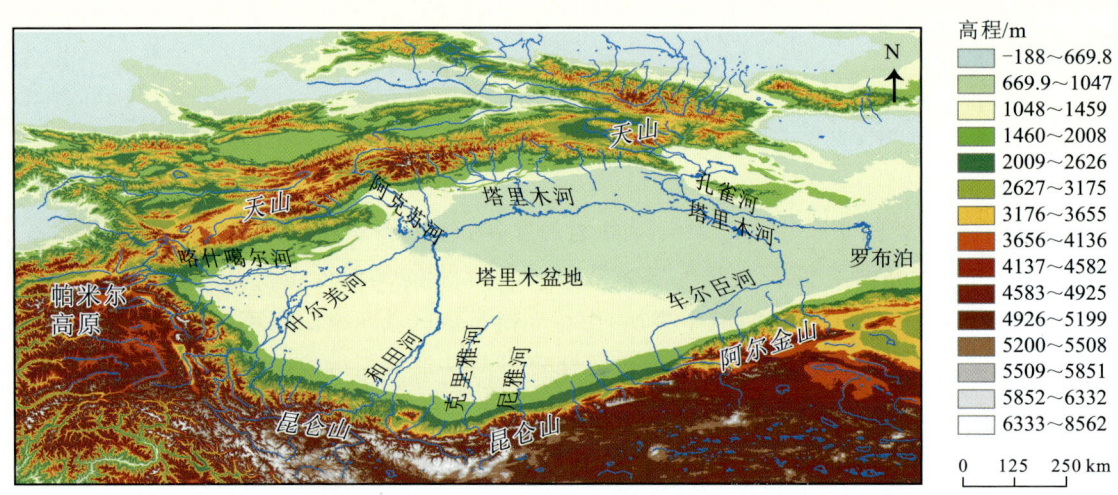

图1.1.2 塔里木盆地高程与水系分布

图1.1.3 现今塔里木河下游的绿洲荒漠景观

第1章 绪 论

罗布泊曾是塔里木河流域的沉积中心,其西岸的罗布荒原是塔里木河入湖的古三角洲(Li et al.,2024a)。塔里木盆地东端存在三个低平的积水洼地(图1.1.4),其中最西南相对较高的为台特玛湖(高程约810m),中间为喀拉和顺(高程约790m),最东部的是罗布泊(高程约780m)(中国科学院学部西北干旱区生态环境建设与可持续发展咨询考察组,2003),喀拉和顺与罗布泊、台特玛湖之间均有干河道连通(Geng et al.,2019)。由此可见,罗布泊始终是流域的最终点沉积洼地。罗布泊古湖岸线在遥感影像上表现为"大耳朵"状环线(图1.1.5A)(邵芸等,2011);干湖盆区地表发育大面积盐壳(图1.1.5B),厚度在50cm以上,多种盐壳地貌类型指示湖泊的非线性干涸过程(赵元杰等,2005;马黎春等,2011)。

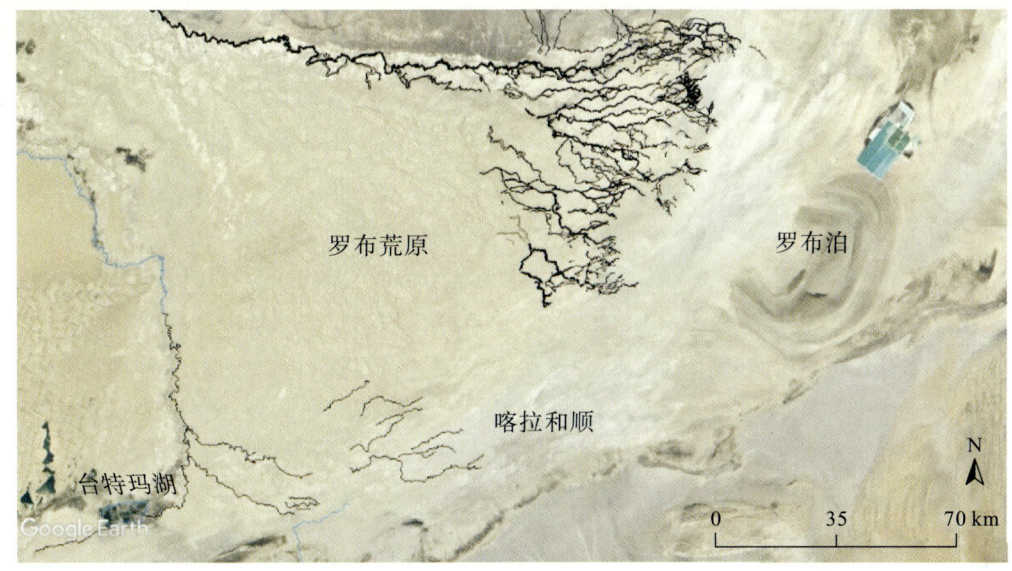

注:蓝色线代表现今河流;黑色线代表古河道。

图1.1.4　罗布泊地区水系分布(底图源自Google Earth)

图1.1.5　罗布泊干湖区

A.古湖区遥感图(底图源自Googel Earth);B.地表盐壳

全新世时期,罗布泊水域经历多次收缩和扩张(Shao et al.,2022;Li et al.,2024b)。罗布泊东湖可能在距今 3000a 前后干涸(贾红娟等,2011;夏训诚等,2008),西湖最后有水时间为 20 世纪六七十年代(周廷儒,1978;樊自立等,2009a)。古湖区的遥感"大耳朵"地貌在 20 世纪 60 年代末已经形成(李保国等,2008),广大盐壳环境可能主要是在全新世晚期由西向东逐渐形成的(钟骏平等,2005,2008)。罗布泊东湖、西湖和湖心岛是因后期河流来水仅覆盖部分罗布泊干湖盆形成的现象(王富葆等,2008;邵芸等,2011)。

塔里木河下游(罗布泊西岸)水系空间格局与丰枯状态曾发生较大变化。以罗布泊沉积物物源或盆地范围河流阶地-高山冰川的研究工作为基础,流域尺度水系变迁历史可以追溯至早更新世(Gu et al.,2021;Lü et al.,2021;Zhang J J et al.,2023)。由于研究材料匮乏,多数研究仅限于历史时期以来的水系变化。有学者认为,在西汉中期塔里木河-孔雀河水系汇入罗布泊的位置或在公元 4 世纪期间塔里木河汇入罗布泊的位置,出现由北到南的转变(王守春,1996;韩春鲜等,2003;樊自立等,2009a)。近期野外考察发现,由北到南的古河道附近均有汉晋时期遗址分布,遗址的起止年代无明显先后顺序(Li et al.,2019),指示此阶段罗布泊西岸河流呈网状发育。随着野外考察与研究工作的深入,罗布泊西岸干河床中漂木与沿岸植物残体的大量碳十四(^{14}C)测年结果显示,元明时期是塔里木河下游的一次大面积绿洲丰水期(距今约 750—450a)(Li et al.,2018;林永崇等,2020),河网呈面状分布。

近现代以来,罗布泊西岸南北两边缘存在入湖河流。在此阶段,罗布泊西岸河流分布受人类活动影响较大(在 1921 年、1952 年和 1972 年共发生 3 次人为改造事件)(赵松乔,1983;夏训诚等,2007);塔里木河在铁干里克一带南面汇入车尔臣河后注入喀拉和顺湖和罗布泊或是在北面沿孔雀河—铁板河入罗布泊或是南北同时存在(夏训诚等,2007;樊自立等,2009a)。此外,孔雀河末端(罗布泊西岸北端)河道似乎具有南北向迁移的特点,可能存在多期古河道(夏训诚等,2008)。这种水系格局形成的时间可能并不久远(奚国金,1985,1992;韩春鲜等,2006)。根据阿拉干附近的树木年轮工作(李江风,1989),推测其形成时间大约在两百年前。流域尺度上古植被与现代植被的系统年代学(碳十四年代学与树轮年代学结合)研究结果显示,在公元 1650 年前后,塔里木河下游曾发生一次转向事件(Li et al.,2024a),这奠定了罗布泊西岸现今河网格局的基础。

1.1.2 雅丹地貌

雅丹是发育在干旱区的一种风蚀地貌(牛清河等,2011;Ding et al.,2020),罗布泊地区是全球雅丹地貌中最具代表性的区域之一。罗布泊东部(敦煌-阿奇克谷地)区域的雅丹遗迹,已被设立为国家地质公园(董瑞杰等,2013),于 2015 年被列入我国申报世界遗产地的建议名录。在阿奇克谷地—白龙堆—龙城—楼兰的广大区域,同样发育大面积雅丹地貌(图 1.1.6)。不过,在雅丹成因、风蚀速率、雅丹台地形成时代和期次等科学问题上,目前仍存在多种认识。

图 1.1.6 罗布泊地区的雅丹地貌
A.土垠遗址附近雅丹;B.白龙堆雅丹;C.楼兰古城附近雅丹;D.阿奇克谷地雅丹

罗布泊雅丹形态的发育受控于多重地质环境因素。早期通过系统观察与划分罗布泊区内不同单元的雅丹,夏训诚等(2007)认为雅丹地貌形成与风蚀、水蚀等多种地质营力有关。之后,研究人员在野外测量了库姆塔格沙漠和罗布泊西岸等区域雅丹的形态参数,结合沉积分析结果,认为雅丹多形态发育的主控因素为风力、岩性差异和地表风化作用(Dong et al.,2012;林永崇等,2017,2018;潘大东等,2022)。雅丹共基座现象对楼兰北部雅丹形态的演化同样存在不可忽视的影响(宋昊泽等,2020,2021)。在风蚀速率方面,李江风(1991)以汉晋古楼兰废弃为起始时间,认为楼兰地区的雅丹风蚀速率约为 3.5mm/a。然而,Li 等(2018)的研究结果显示楼兰地区在元明时期曾再次绿洲化、生长大量植被,意味着楼兰地区的风蚀速率要更高。最新依据地层年代和雅丹高度数据的研究结果显示,元明以后的楼兰古城附近平均风蚀速率为 6.2mm/a(宋昊泽等,2021)。

罗布泊雅丹地层多为河湖相沉积环境的产物,但地层的沉积年龄存在较大差异。①楼兰古城附近的雅丹地层,具有较好的水平层理。早期地貌环境研究显示,罗布泊三级湖积台地雅丹分别形成于距今 130~90ka、约 30ka 和 7.5~7ka(王富葆等,2008)。近期的光释光(optically stimulated luminescence,OSL)测年结果显示,罗布泊西岸北部楼兰墓葬群雅丹沉积序列(高出现代地面约20m)的终止时间为距今10～9ka(Li et al.，2024b)，在时间上大致对应前述较老的雅丹台地。然而，Qin等(2012)的工作表明楼兰古城台地是距今4ka前后的湖退形成的。②阿奇克谷地的雅丹地层，总体具有较好的水平层理，其中夹杂一些斜层理。阿奇克谷地雅丹的河湖相序列电子自旋共振(electron spin resonance，ESR)年龄显示它为早中更新统，这里的雅丹群则形成于中更新世晚期—晚更新世初，并直接造成库姆塔格沙漠的扩大(屈建军等，2004)。然而，八一泉附近雅丹地层的ESR年龄(距今10 009～735ka)与热释光(thermoluminescence，TL)年龄(距今125～107ka)相差悬殊(王永等，2000)。③周邻地区。靠近孔雀河河道和库鲁克塔格山的龙城雅丹，顶部沉积物的OSL年龄为距今约50ka(Kong et al.，2018)和约90ka(王富葆等，2008)，东部敦煌雅丹地质公园的雅丹顶部沉积物的OSL年龄在40ka左右(牛清河等，2013)。总结这些年龄数据可以发现，罗布泊雅丹发育具有明显多期次特征，在距今100～90ka前后，罗布泊地区出现一期雅丹地层沉积终止(Li et al.，2024b)，暗示当时区域环境开始由大湖地貌转为风蚀雅丹地貌。

1.2　古丝路交通线

丝绸之路交通线的具体标画通常被认为是由李希霍芬率先开展的(Andrea，2014；刘进宝，2018)，指的是古代连接亚洲、地中海地区和欧洲贸易往来与文化交流的交通网络线(Hermann，2008)，而丝绸之路的概念起源可追溯至更早时期(Mertens，2019；王冀青，2023；张景明等，2023；刘屹，2024)。古丝绸之路的开通得益于西汉张骞"凿空"西域(公元前138年)，开创了东西方文化交流的新时代。古丝绸之路体系的建立与完善不仅影响到人类社会的发展进程，而且推动世界文明的进步(Hansen，2012)，其深远影响直至今天。长安至天山廊道的路网遗迹，已被联合国教育、科学及文化组织批准设立为世界文化遗产，成为跨国申报世界自然与文化遗产的典范。

古丝绸之路的交通路线曾出现多次变化。过去两千年来，这条重要交通网的主要干线包括楼兰道、南北两道、新道、伊吾道等(余太山，1994；殷晴，2010)，还有一些连通干线的支线(陈戈，1990)，经历了多次中断、转向、复兴、废弃，直到16世纪仍是重要的陆地交通线。从地理环境的角度来看，亚洲内陆山地走廊(包括祁连山区的河西走廊、天山山脉、昆仑山北麓等)、荒漠与绿洲地带(包括阿奇克谷地—罗布泊—白龙堆—塔克拉玛干沙漠等)构成了路网的主要路段(图1.2.1)，区域内生态环境极其脆弱。沿途形成的古文明(楼兰、尼雅等)(王炳华，2009)，均是依赖河流绿洲资源建立的，其兴衰更迭与荒漠绿洲环境变化直接相关(刘嘉麒等，2005；Yang et al.，2017)。因此，除了当时的地缘格局影响外(He et al.，2023；王炳华，2023；Wang H P et al.，2024；张瑛，2024)，环境条件(可利用的水资源、植物资源等)在很大程度上决定了路线的连通性。

罗布泊是古丝绸之路体系中的重要一环(图1.2.1)。罗布泊位于塔里木盆地的最东端，

图 1.2.1　古丝绸之路路网空间分布简图

曾是一个广袤大湖,现在地表为大面积干盐壳(Shao et al.,2022)。因为极端干燥的气候条件,环罗布泊古湖区的大量古遗址得以完整保存下来,包括汉晋楼兰城址群和墓葬群、路网等遗迹(Li et al.,2024b;Romgard,2024),这些大规模文化集合体被认为是古丝绸之路沿线荒漠绿洲文明的代表。作为曾经的沉积中心,罗布泊本身记录了区域环境变化历史,其环境变迁被称为干旱区环境变迁的缩影(夏训诚等,2007)。这种环境变化关系到区内人类活动的兴衰,罗布泊地区也因此是研究丝路兴衰与环境变迁以及二者相互作用的理想场所。

1.3　研究方法

1.3.1　野外调查

在实地调查前,调取天地图与 Google Earth 等来源的遥感影像,对罗布泊地区地形(水系、植被、高程等)和疑似古代遗迹进行系统排查与图像解译。例如,干河道在遥感影像图上呈不同形态的带状或线状特征,目视解译标志包括河道大小与连续性、地势高低、色调深浅、阴影、密度、切割关系等,解译过程也将大致判断古河道可能的期次。从遥感图像上获得疑似人工遗迹,主要是根据疑似点影像特征是否与周围环境一致或存在异常,进而将其标注为疑似点,待实地验证。由于研究区内发育雅丹荒漠的极端地形,对商定的调查区块采取徒步踏勘、拉网式的野外调查方法,以便尽可能详尽地记录区内地貌、古植被与人类活动遗迹等原生资料。

1.3.2 碳十四测年与数据分析

在考古和古环境研究中，碳十四测年技术已得到广泛应用。样品碳十四测年主要包括化学前处理、石墨化、制靶和加速器质谱测定等步骤。需要注意的是，在实验测试中会根据具体测年材料与研究问题，采取不同的样品前处理方法。例如，一般植物样品的化学前处理，通常采用标准的酸碱酸方法(Hajdas et al., 2021)；在碱处理阶段，若是溶液变为深褐色，则需要更换碱液。木材的单年轮或多年轮样品往往需要提取α-纤维素组分作为碳十四年代测试的材料(Hoper et al., 1998; Santos et al., 2023)，目的是尽可能地降低木材样品中木质素、半纤维素等不稳定组分以及树脂分泌过程等对碳同位素测年的影响(Richard et al., 2014)。

碳十四年代数据的校正可使用 OxCal 软件(Bronk Ramsey, 1995, 2001)、CALIB 软件(Stuiver et al., 1993)和 IntCal20 数据库(本研究使用的是北半球碳十四年龄校正曲线；Reimer et al., 2020)在线完成。碳十四测年结果中使用的"BP"(before present, 距今)指的是距公元 1950 年的时间，校正后碳十四年代数据采用"BCE"(公元前)和"CE"(公元)的纪年方式。本研究的碳十四年代数据分析，主要使用 OxCal 软件中的概率总和(Sum_Model)与核密度拟合(KDE_Model)(Bronk Ramsey, 2017)、摇摆匹配拟合(Bronk Ramsey et al., 2001)与空间投图(Bronk Ramsey, 2013)等功能实现。

在处理具有相同或相似背景信息的大批量碳十四测年数据时，可以采用普通总和概率统计方法、核密度拟合方法等技术来刻画数据集的总体变化。普通总和概率统计方法是将每个碳十四校正年龄的概率分布叠加，获得累积概率分布，用来指示群体的相对变化(比如考古遗址的碳十四年龄总和概率分布被认为是反映古人口变化的指标之一)(Contreras et al., 2014)。在减少数据噪声和避免过度平滑方面，基于正态分布的核密度检测体现出一定的优势(Bronk Ramsey, 2017)。

摇摆匹配拟合技术有助于提高年代精度。由于碳十四校正曲线是非单调的(Reimer et al., 2020)，将单个碳十四年龄校正至日历年龄时，结果往往是大范围概率分布值(Bronk Ramsey, 1995)，也就在一定程度上降低了精确度(Bronk Ramsey et al., 2001)。若一组样品相互间的绝对年龄差已知(如取自树轮浮动年表的年轮样品)，将系列碳十四测年结果与碳十四校正曲线进行数学拟合(Galimberti et al., 2004)，可达到优化碳十四测年数据校正结果的目的。

1.3.3 树轮宽度测量与考古木材分析

树木年轮宽度与环境条件直接相关，轮宽序列可以指示生长期的环境变化。在罗布泊野外考察期间，笔者团队用手锯采集了一套天然树盘样品(完全脱水的干木材)。笔者共测量树盘样品 21 个,包括 10 个胡杨树盘和 11 个柽柳树盘。样品前处理和轮宽测量均在英国贝尔法斯特女王大学树轮年代学实验室完成。首先,使用手术刀和剃须刀片处理样品,使其粗糙表面变得光滑平整;然后,在准备好的光滑表面上撒上粉笔末并轻轻地均匀抹平(Brown,1991),目的在于突显年轮边界与导管;接着,由内向外测量年轮序列,电脑显微镜(Nikon SMZ800 型)系统的精度为 0.01mm(Barrett et al.,2019),测量数据的记录和分析软件为 TSAPWin(Rinn,2003)。

在测量年轮宽度之前,观察每个样品生长特点。为避免树木的径向生长偏差,每个树盘测量 2~4 个生长方向的树轮宽度序列,比较轮宽曲线的吻合度(相关性分析和视觉判断),再将重复较好的轮宽序列平均化,生成单个树木样品的标准生长曲线。在测量过程中,每 10a 用尖针在样品上点 1 个小孔,每 50a 用尖针在样品上点 2 个小孔,每 100a 用尖针在样品上点 3 个小孔,便于二(多)次核对。完成一个样品测量后,要及时保存并记录样品情况(如是否有髓心、是否有不确定年轮、边材年轮数、年轮曲率变化、树皮是否存在等)。在完成全部样品的轮宽测量且获得每个样品的标准曲线后,对比相同或相近取样点采集的样品轮宽曲线(相关性分析和视觉判断),观察样品之间是否可重复。剔除匹配度较差的样品,将匹配度较高的样品轮宽曲线平均化,可构建点级或小空间范围的树轮年代学浮动年表。

在轮宽序列上,按一定平均间隔(依据样品实际情况)取系列单年轮样品做碳十四测年,开展摇摆匹配拟合(Bronk Ramsey et al.,2001)。若是生长时间段内存在"Miyake Event"等大气碳十四含量快速变化事件(如从公元 774 年至公元 775 年,碳十四含量快速增加了 12‰)(Miyake et al.,2012,2013),则有希望获得浮动年表的绝对年龄(Büntgen et al.,2017)。此方法需要做高密度、单年轮碳十四测年(Galimberti et al.,2004),成本相对较高。

考古木材分析不仅可以揭示古人对植物的利用情况,而且可以反映出当时的环境信息。本研究的考古木材样品取自于古楼兰遗址群,多是大型建筑用材。首先,按照横、径、弦 3 个方向将每个样品切出 3 个面,在具有反射光源、明暗场和物镜放大倍数为 5 倍、10 倍、20 倍和 50 倍的 Nikon LV150 金相显微镜下观察、记录样品特征。然后,将样品粘在铝质样品台上,样品表面镀金,在 Quanta 650 扫描电子显微镜下进行拍照。结合《中国木材志》中的木材特征描述与图版以及现代木材的切片(成俊卿等,1992;腰希申,1988),完成考古木材树种鉴定。本研究中的木材分析工作在中国社会科学院考古研究所完成。

1.3.4 光释光测年与沉积物粒度分析

由于自然沉积过程中的碳库等问题限制了沉积物碳十四测年的可靠性,光释光测年也经常被用于测定沉积地层的绝对年代。野外采集光释光测年样品时,先除去剖面的外表层沉积物(约 30cm),使用不锈钢钢管采集,采集过程中需要绝对避免曝光(赖忠平等,2013;Nelson et al.,2015)。根据样品的特征选择不同粒级的石英进行测试,具体方法参考 Zhang 等(2007)和 Murray 等(2021),测试结果中的"ka"表示千年。本研究中光释光测年实验在北京大学光释光实验室完成。

沉积物粒度指碎屑颗粒的绝对尺寸大小,不同沉积环境下的沉积物全样具有典型粒度组成特征(殷志强等,2008,2009)。细粒沉积物的粒度分布是重建古环境的重要物理指标,其测试分析包括化学前处理和上机测试两部分。首先,根据样品的粗细取 0.1～1g 样品放入烧杯(贾红绢等,2009),加入 10～20mL 浓度 30% 的双氧水煮沸(除去有机质),充分反应后注满蒸馏水并静置 24h。抽去蒸馏水,可加入适量稀盐酸除去碳酸盐。然后,加入 10mL 浓度 0.05mol/L 的六偏磷酸钠分散剂,超声振荡 10min 后取出准备上机。由于加酸后,在倒出上清液的过程中可能会造成细粒成分的损失,故也可不进行酸处理(秦小光等,2015)。在上机测试时,每个样品均测量多次,测量仪器为激光粒度仪(MS3000 型,测试范围是 0～3500μm)。本研究中的沉积物粒度测试在中国科学院地质与地球物理研究所粒度实验室完成。

第 2 章　汉晋时期的罗布泊环境与古楼兰兴衰

汉晋时期是罗布泊地区人类活动最丰富的阶段,在环罗布泊的雅丹荒漠区保存大量城址、村落和古墓葬等遗迹(图 2.0.1),属于古楼兰遗存。笔者在野外系统调查罗布泊地区楼兰时期重要遗存的基础上,首先对古楼兰遗址和古墓葬进行碳十四年代学分析,其次通过对古楼兰遗址群建筑用材的分析以及对楼兰北部古墓群区雅丹沉积剖面记录的古环境研究,重建楼兰时期的生存环境背景以及人与环境的互动关系。

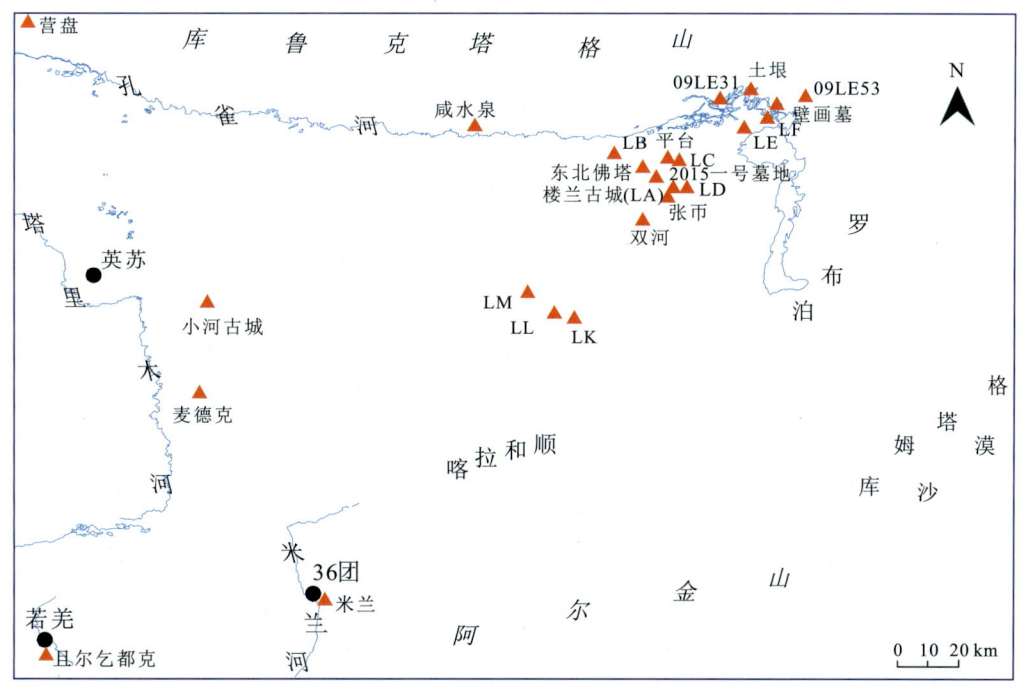

注:"L"系列遗址编号引自 Stein(1921,1928);橘黄色三角代表古遗迹位置;黑色圆圈代表现代城镇所在地;蓝线表示的罗布泊水域为干涸前状态;水系矢量文件源自地信网。

图 2.0.1　罗布泊地区汉晋时期重要人类活动遗迹空间分布示意图

2.1 古楼兰遗址群

2.1.1 楼兰古城(LA)遗址

楼兰古城位于 36 团（米兰）东北约 172km 处，城址轮廓呈不规则方形，平均边长约 330m。古城内部被一条水渠分为东北和西南两部分（图 2.1.1）；东北部建筑群以一个高约 9.8m 的泥质佛塔为中心（图 2.1.1B）；西南部以土坯建筑三间房为中心（图 2.1.1C），周围有多处木骨泥墙式建筑。在三间房和佛塔建筑群区，地表堆叠大量大型木构件（地栿、圈梁、木柱等）。木构件长 4～7m，直径为 30～50cm，表面有方孔。这表明这些区域应该是当时的大型建筑集群地。古城城墙保存较差，主要由芦苇梐柳枝层和夯土层互层构成（Li et al.，

图 2.1.1 楼兰古城遗址的俯瞰图和特征建筑
A. 地貌环境航拍图；B. 佛塔与其周围植物遗存；C. 三间房

第2章 汉晋时期的罗布泊环境与古楼兰兴衰

2019)。城内地表散落大量动物骨骼、牙齿等遗存,三间房区域的动物遗存主要包括牛、羊、骆驼和马等(王春雪等,2020)。

楼兰古城遗址的碳十四测年材料主要是采自遗址内部的动植物遗存,如木构件、草拌泥、动物粪便和谷物等(表2.1.1)。目前,在国内外学术期刊和图书发表的碳十四年代数据共49个,由多家实验室测试完成,很好地实现了年代数据的交叉验证,数据密度和可信度均较高。为避免因人为偏好造成的采样偏差,本研究采用核密度拟合的方式呈现碳十四年代数据分布(图2.1.2)。结果显示,楼兰古城的碳十四年代数据分布存在两个峰值(区间),一个是50~500CE,这是楼兰古城的主体持续时间;另一个是400BCE前后,指示该遗址早期的人类活动。

表 2.1.1 楼兰古城遗址的碳十四测年数据

序号	实验室编号	碳十四年龄/BP	测年材料	参考文献	拟合年龄(2σ)
1	CN47	2327±20	柽柳树皮	Xu et al., 2017	408~381BCE(95.4%)
2	CN45	2284±20	柽柳细枝	Xu et al., 2017	398~362BCE(95.4%)
3	CN290	1918±20	柽柳树皮	Xu et al., 2017	85~210CE(95.4%)
4	CN55	1874±30	佛塔砖砌中的植物碎屑	Xu et al., 2017	126~237CE(95.4%)
5	CN49	1863±25	房基芦苇	Xu et al., 2017	131~237CE(95.4%)
6	CN57	1859±30	骆驼粪	Xu et al., 2017	128~242CE(95.4%)
7	CN71	1848±25	东城墙柽柳树皮	Xu et al., 2017	131~244CE(95.4%)
8	CN59	1860±25	房基芦苇	Xu et al., 2017	130~238CE(95.4%)
9	CN52	1849±25	房基芦苇	Xu et al., 2017	132~243CE(95.4%)
10	CN42	1839±20	房基芦苇	Xu et al., 2017	134~142CE(1.9%) 152~246CE(93.5%)
11	CN53	1840±40	房基芦苇	Xu et al., 2017	126~256CE(87.8%) 287~319CE(7.7%)
12	CN51	1826±25	房顶芦苇	Xu et al., 2017	135~140CE(0.6%) 154~254CE(86.6%) 289~318CE(8.2%)
13	CN60	1804±25	佛厅墙体中的植物碎屑	Xu et al., 2017	204~260CE(63.9%) 278~330CE(31.5%)

续表 2.1.1

序号	实验室编号	碳十四年龄/BP	测年材料	参考文献	拟合年龄(2σ)
14	CN46	1800±25	墙体中的芦苇	Xu et al., 2017	206～260CE(60.0%) 278～330CE(35.4%)
15	CN56	1790±20	建筑地基中的植物碎屑	Xu et al., 2017	216～260CE(48.6%) 280～329CE(46.9%)
16	CN65	1786±25	房基柽柳细枝的皮层	Xu et al., 2017	214～262CE(46.9%) 276～334CE(48.6%)
17	CN67	1771±25	房顶芦苇	Xu et al., 2017	224～344CE(95.4%)
18	CN62	1748±35	东南城墙的柽柳树皮	Xu et al., 2017	228～378CE(95.4%)
19	CN72	1682±50	房顶芦苇	Xu et al., 2017	236～428CE(95.4%)
20	CN63	1703±25	房顶芦苇	Xu et al., 2017	250～290CE(49.1%) 323～410CE(46.3%)
21	CN50	1678±35	房顶芦苇	Xu et al., 2017	248～294CE(44.6%) 318～426CE(50.9%)
22	CN64	1626±35	动物圈所顶部芦苇	Xu et al., 2017	258～280CE(13.8%) 344～528CE(81.7%)
23	CN58	1409±60	建筑地面层植物碎屑	Xu et al., 2017	261～278CE(3.6%) 354～394CE(3.2%) 402～522CE(78.0%) 529～610CE(10.7%)
24	BA081861	1820±35	植物碎屑	Lü et al., 2010	134～259CE(77.9%) 281～326CE(17.6%)
25	BA081862	1790±35	木炭	Lü et al., 2010	173～186CE(1.0%) 200～348CE(94.4%)
26	XLLQ1669	1857±39	柽柳	Lü et al., 2010	120～252CE(93.5%) 294～310CE(2.0%)
27	XLLQ1728	1930±55	柽柳	Lü et al., 2010	76～244CE(95.4%)

第2章　汉晋时期的罗布泊环境与古楼兰兴衰

续表 2.1.1

序号	实验室编号	碳十四年龄/BP	测年材料	参考文献	拟合年龄（2σ）
28	BA081863	1825±40	胡杨	Lü et al.，2010	130～259CE（79.7%） 281～326CE（15.8%）
29	XLLQ1672	1930±120	胡杨	Lü et al.，2010	80～345CE（95.4%）
30	XLLQ1670	1930±115	胡杨	Lü et al.，2010	82～342CE（95.4%）
31	XLLQ167?	1915±100	骆驼粪	Lü et al.，2010	86～336CE（95.4%）
32	BA425113	1840±30	粟黍的种子、麸皮	Xu D K et al.，2023	129～251CE（93.5%） 297～306CE（1.9%）
33	BA622012	1750±30	粟黍的种子、麸皮	Xu D K et al.，2023	232～368CE（95.4%）
34	BA622013	1730±30	粟黍的种子、麸皮	Xu D K et al.，2023	240～388CE（95.4%）
35	BA425114	1760±30	粟黍的种子、麸皮	Xu D K et al.，2023	226～360CE（95.4%）
36	BA622014	1880±30	粟黍的种子、麸皮	Xu D K et al.，2023	124～235CE（95.4%）
37	BA622015	1760±30	粟黍的种子、麸皮	Xu D K et al.，2023	226～360CE（95.4%）
38	BA622016	1780±30	粟黍的种子、麸皮	Xu D K et al.，2023	212～342CE（95.4%）
39	BA622017	1780±30	粟黍的种子、麸皮	Xu D K et al.，2023	212～342CE（95.4%）
40	BA622018	1860±30	粟黍的种子、麸皮	Xu D K et al.，2023	129～240CE（95.4%）
41	BA622019	1880±30	粟黍的种子、麸皮	Xu D K et al.，2023	124～236CE（95.4%）
42	BA622020	1780±30	粟黍的种子、麸皮	Xu D K et al.，2023	212～343CE（95.4%）
43	BA622021	1680±30	粟黍的种子、麸皮	Xu D K et al.，2023	251～290CE（43.2%） 324～423CE（52.3%）
44	BA425111	1910±30	粟黍的种子、麸皮	Xu D K et al.，2023	85～99CE（2.6%） 104～229CE（92.9%）
45	BA425112	1720±30	粟黍的种子、麸皮	Xu D K et al.，2023	244～396CE（95.4%）
46	Beta-494205	1820±30	木梁	Li et al.，2019	151～258CE（79.0%） 282～325CE（16.4%）

续表 2.1.1

序号	实验室编号	碳十四年龄/BP	测年材料	参考文献	拟合年龄(2σ)
47	Beta-494206	1880±30	木梁	Li et al.,2019	124~235CE (95.4%)
48	Beta-494207	1800±30	木梁	Li et al.,2019	170~188CE (1.7%) 200~264CE (58.1%) 274~338CE (35.7%)
49	WB80-23	1860±75	木材碎片	新疆文物考古研究所,1995	108~338CE (95.4%)

注：样品的实验室编号包含了相应的实验室信息，具体可在 https://radiocarbon.org/laboratories 查询；后同。

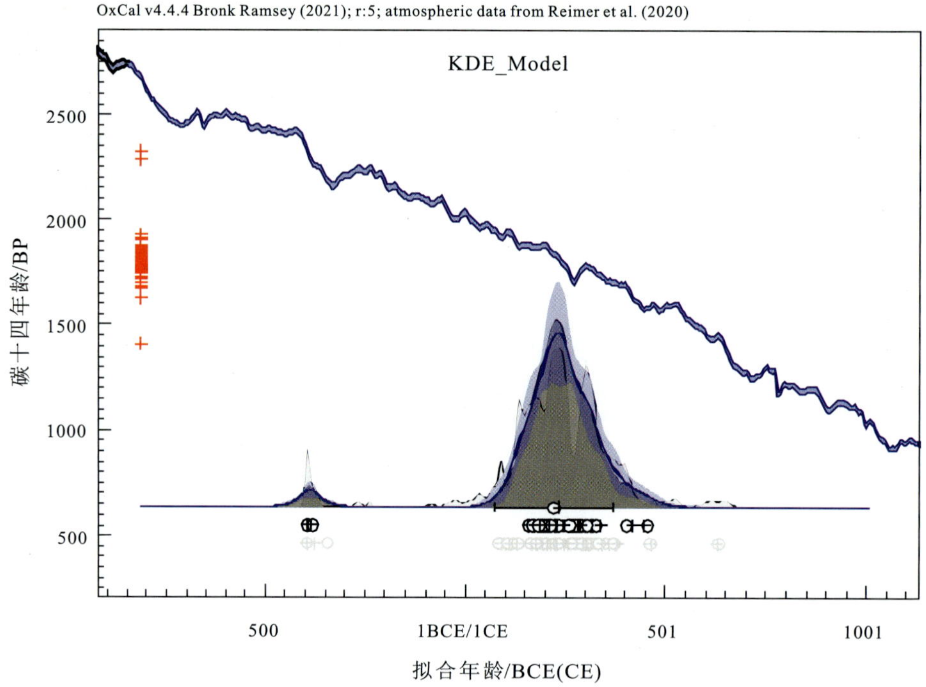

注：此类原始图片均使用 OxCal v4.4.4 软件在线生成，其中，蓝色纵向曲线为碳十四大气校正曲线，蓝色钟形曲线为拟合结果，左侧红色十字为碳十四年龄中值；其他符号和阴影区的含义见 Ramsey(2017)；后同。

图 2.1.2 楼兰古城遗址碳十四年代数据的拟合校正结果

2.1.2 土垠遗址

土垠遗址位于楼兰古城东北约 37km 处,由考古学家黄文弼先生发现并命名(黄文弼,1948)。遗址位于罗布泊西岸北部的雅丹台地上(图 2.1.3A),坍塌严重,建筑主体由厚层夯土和大型木材组成(图 2.1.3B)。在垮塌的混杂堆积中(图 2.1.3C),笔者分选出粟、黍等谷物遗存(未发表资料),还有较多的植物与骨骼碎屑。因在该遗址中曾发现西汉纪年的木简(孟凡人,1990),土垠遗址在罗布泊地区考古工作中具有重要价值。此处目前仅有一个碳十四数据发表(表 2.1.2),校正后中值年龄为(109±106)CE(图 2.1.4)。

图 2.1.3　土垠遗址
A.遗址航拍图;B.坍塌的夯土-木构建筑;C.由植物和骨骼等碎屑组成的混杂堆积

表 2.1.2　土垠遗址的碳十四测年数据

序号	实验室编号	碳十四年龄/BP	测年材料	参考文献	校正年龄(2σ)
1	XLLQ1666	1920±85	胡杨	Lü et al., 2010	106~259BCE (91.3%) 279~334CE (4.2%)

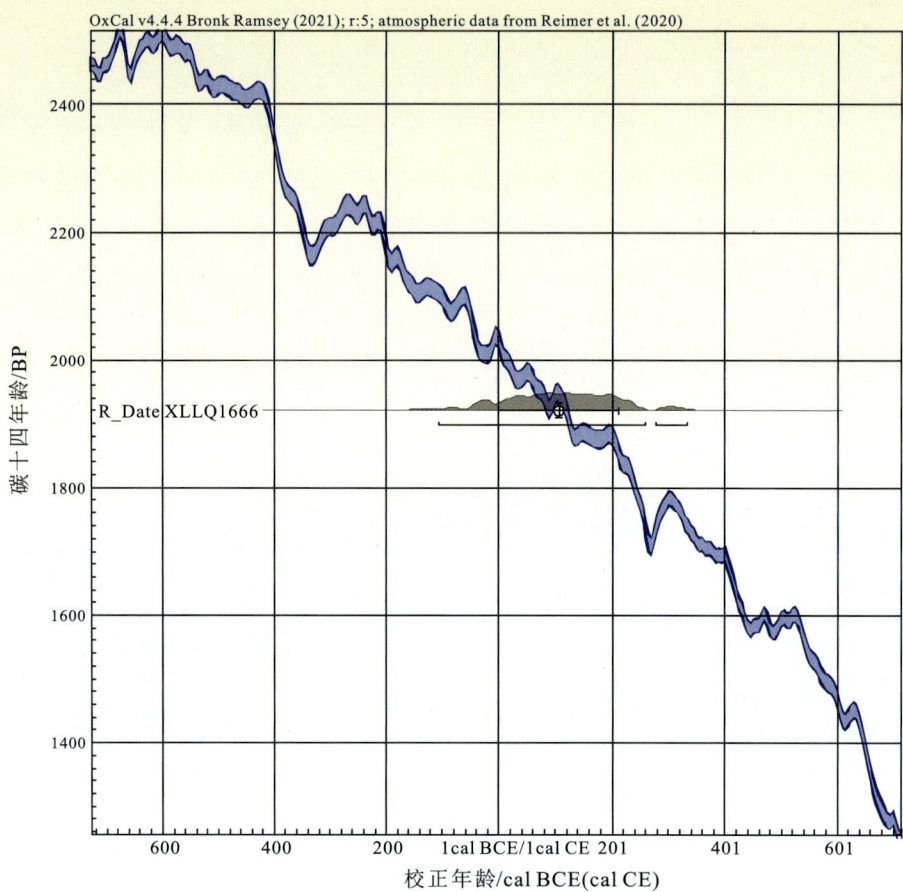

注：阴影区为校正后的年龄概率分布；后同。

图2.1.4 土垠遗址碳十四年代数据的校正结果

2.1.3 LB遗址

　　LB遗址距楼兰古城遗址西北约12.8km。Stein(1921)曾在该遗址内采集到与佛教有关的物品，为楼兰时期的佛寺遗迹（陈晓露，2013）。现野外可见柽柳墙和砖砌式建筑等（图2.1.5），地面散落较多木构件。房屋由水平芦苇束和竖直柽柳枝编制而成，外部涂抹泥灰固定。LB遗址目前仅有一个碳十四数据发表（表2.1.3），校正后中值年龄为(219±48)CE（图2.1.6）。

第2章 汉晋时期的罗布泊环境与古楼兰兴衰

图 2.1.5　LB 遗址

A. 柽柳墙；B. 砖砌建筑；C. 建筑底部的植物垫层

表 2.1.3　LB 遗址的碳十四测年数据

序号	实验室编号	碳十四年龄/BP	测年材料	参考文献	校正年龄（2σ）
1	Beta-494212	1830±30	木梁	Li et al.，2019	126～253CE（84.7%） 290～320CE（10.8%）

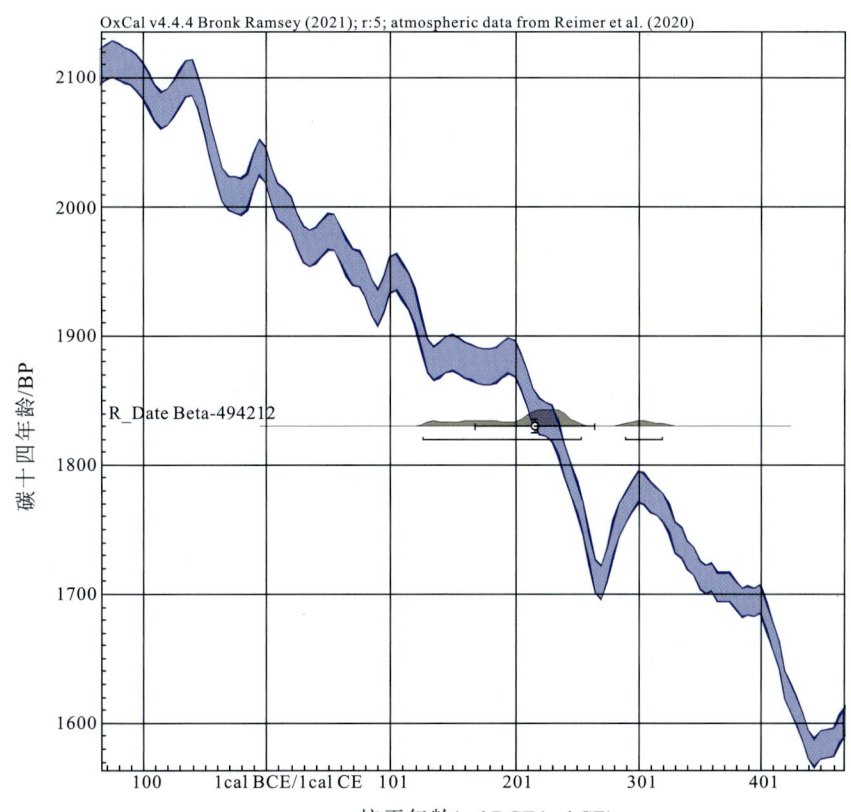

图 2.1.6　LB 遗址碳十四年代数据的校正结果

2.1.4 楼兰东北佛塔旁居址群

楼兰东北佛塔(图 2.1.7A;编号 FO)距楼兰古城东北约 3km(新疆楼兰考古队,1988b),在其西北约 180m 为居址群。地表散落大量陶片、青灰色砖和大型木构件(图 2.1.7),表明当时应存在大型建(构)筑物,推测该区域可能为当时的城镇中心。楼兰东北佛塔旁居址群目前仅有一个碳十四测年数据发表(表 2.1.4),校正后中值年龄为(207±45)CE(图 2.1.8)。

图 2.1.7 楼兰东北佛塔旁居址群

A.居址群与佛塔的相对位置;B.地表大型木构件;C.地表散落的陶片与青灰色砖;D.地表大型木构件

表 2.1.4 楼兰东北佛塔旁居址群的碳十四测年数据

序号	实验室编号	碳十四年龄/BP	测年材料	参考文献	校正年龄(2σ)
1	Beta-494208	1840±30	木构件	Li et al., 2019	124~250CE(91.8%) 295~310CE(3.6%)

第2章 汉晋时期的罗布泊环境与古楼兰兴衰

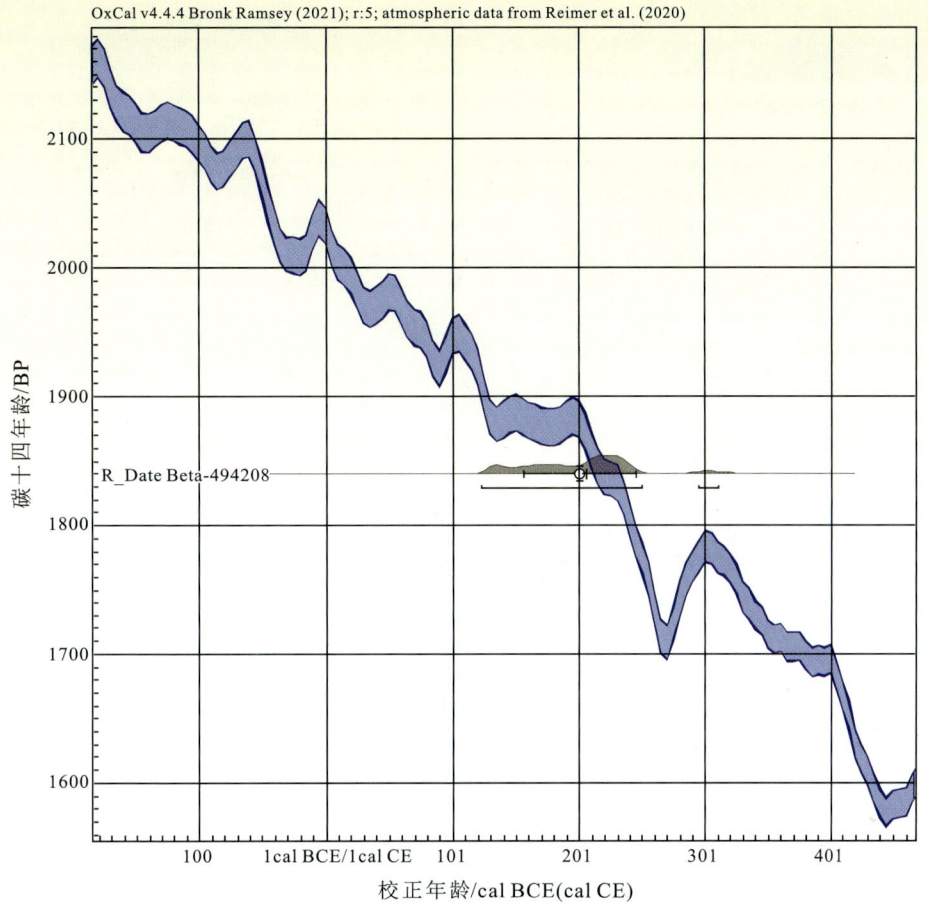

图 2.1.8 楼兰东北佛塔旁居址群碳十四年代数据的校正结果

2.1.5 张市遗址

张市遗址位于楼兰古城西南约 7.5km 处,由罗布泊科考队在 2016 年的野外考察时发现,包括多处动物粪便堆积点和居址点(秦小光等,2023),地表散落大量木构件(图 2.1.9)。科考队员在该遗址附近地表曾采集到一枚刻有"张市千人丞印"的铜制兽钮印章(吴勇等,2016;吴勇,2017),因此将其命名为张市遗址。遗址的碳十四测年材料为木构件样品和炭屑样品(表 2.1.5),结果显示人类活动时间分布在两个区间(图 2.1.10):炭屑样品指示的人类活动早至约 380～160BCE,木构件样品指示晚期建筑行为在约 100～300CE。

图 2.1.9 地表散落的木构件
A. 带孔方木构件;B. 木质连接构件;C. 长圆木构件;D. 长方木构件

表 2.1.5 张币遗址的碳十四测年数据

序号	实验室编号	碳十四年龄/BP	测年材料	参考文献	校正年龄(2σ)
1	Beta-494213	1870±30	木构件	Li et al., 2019	84～96CE (2.6%) 116～239CE (92.9%)
2	Beta-494214	1810±30	木构件	Li et al., 2019	130～144CE (1.9%) 155～260CE (58.7%) 278～336CE (34.9%)
3	Beta-475249	2200±30	炭屑	秦小光等,2023	368～173BCE (95.4%)

2.1.6 双河遗址

双河遗址位于楼兰古城南约 14km 处,附近为密集雅丹群和两条干河床环境。遗址地表散落大量陶片(图 2.1.11A),陶片的密集程度可与楼兰古城内部相比,同时也发现炼渣等遗物。在该遗址内几乎未见木材或木质器物残留。在雅丹块体中发现一些陶片嵌在地层中

第2章　汉晋时期的罗布泊环境与古楼兰兴衰

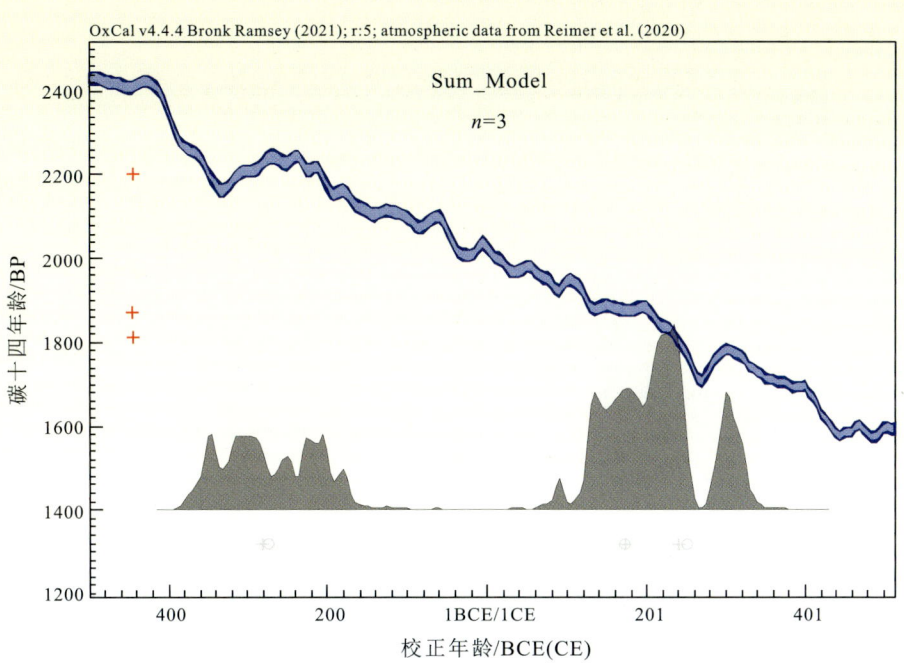

图2.1.10　张币遗址碳十四年代数据的校正结果

(图2.1.11B)，指示该遗址曾经遭受过洪水。双河遗址目前仅有一个碳十四数据发表（表2.1.6），校正后中值年龄为(298±38)CE(图2.1.12)。

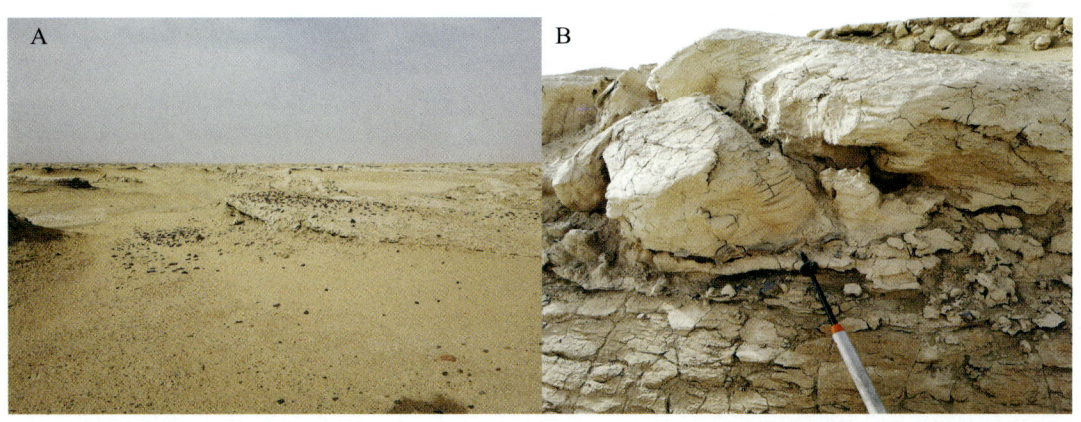

图2.1.11　双河遗址地表散落的陶片(A)和雅丹地层中埋藏的陶片(B)

表2.1.6　双河遗址的碳十四测年数据

序号	实验室编号	碳十四年龄/BP	测年材料	参考文献	校正年龄(2σ)
1	Beta-520050	1770±30	木炭	秦小光等,2023	222~375CE (95.4%)

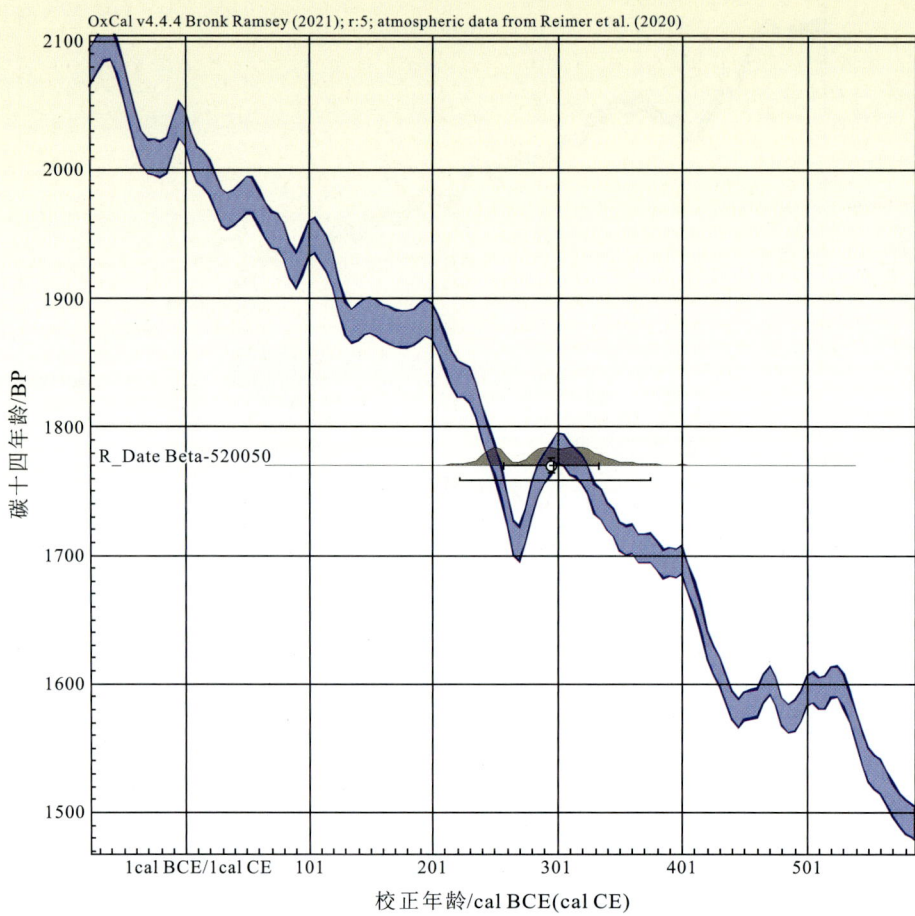

图 2.1.12 双河遗址碳十四年代数据的校正结果

2.1.7 楼兰东南房舍(LD)遗址

楼兰东南房舍遗址位于楼兰古城东南约 3.8km 处,地表散落大量陶片和炼渣(图 2.1.13A)以及带有榫卯结构的木构件。房屋墙体底部被风沙掩盖,出露地表部分主要由柽柳枝(图 2.1.13B)和芦苇茎秆构成,其中夹杂较多的动物粪便颗粒。遗址的碳十四测年材料分别为篱笆墙底部的芦苇和羊粪(表 2.1.7),校正后中值年龄分别为 (354 ± 48) CE 和 (333 ± 46) CE(图 2.1.14)。

第2章 汉晋时期的罗布泊环境与古楼兰兴衰

图 2.1.13 楼兰东南房舍遗址
A. 地表散落的陶片；B. 底部被沙埋的柽柳枝墙

表 2.1.7 楼兰东南房舍的碳十四测年数据

序号	实验室编号	碳十四年龄/BP	测年材料	参考文献	校正年龄（2σ）
1	Beta-520048	1710±30	墙基芦苇	秦小光等，2023	252~292CE (23.8%) 318~416CE (71.6%)
2	Beta-520049	1730±30	墙基羊粪	秦小光等，2023	248~298CE (32.6%) 306~406CE (62.9%)

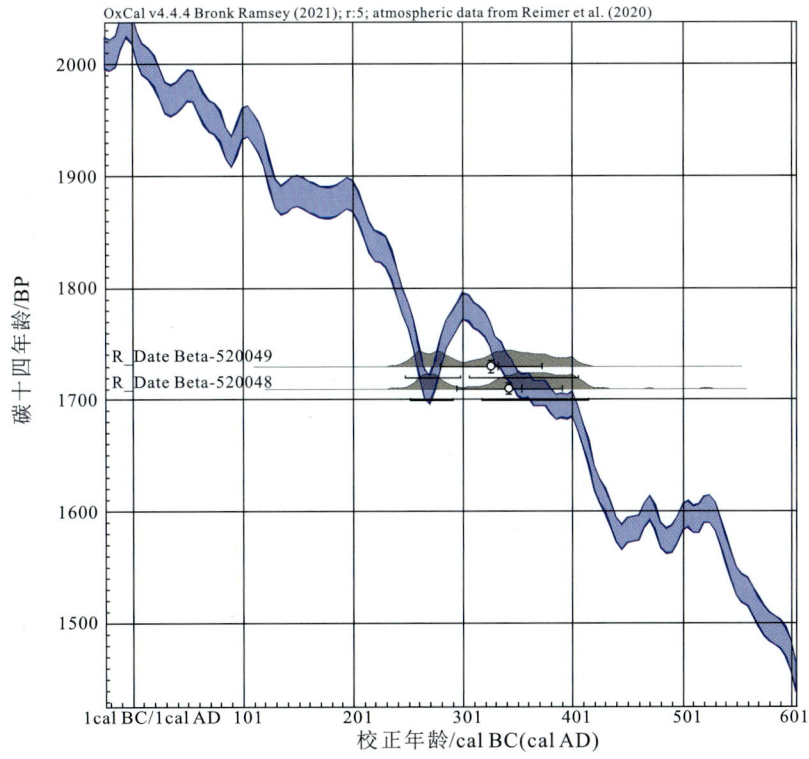

图 2.1.14 楼兰东南房舍碳十四年代数据的校正结果

25

2.1.8 方城(LE)遗址

方城遗址位于楼兰古城东北约22km处,呈不规则方形(图2.1.15A)。残存墙体的下部有夯筑痕迹,上部由十字平铺的柽柳枝等拌泥建成(图2.1.15B)。在北城墙中部有一处豁口,较陡。在遗址内部,砖砌墙体残留在北部居中的平台上,大型木柱/木梁倒卧在墙体附近(图2.1.15C)。平台周围为低地,地表轻微盐壳化。遗址的碳十四测年材料为建筑植物用材(表2.1.8),校正后中值年龄分别为(288±47)CE 和(322±49)CE(图2.1.16)。

图 2.1.15 方城遗址

A. 全景图;B. 墙体;C. 内部高台上残留的大型木构件

表 2.1.8 方城遗址的碳十四测年数据

序号	实验室编号	碳十四年龄/BP	测年材料	参考文献	校正年龄(2σ)
1	BA081865	1790±35	胡杨木材	Lü et al., 2010	169~185CE (1.3%) 202~376CE (94.2%)
2	BA081866	1740±40	柽柳枝	Lü et al., 2010	240~406CE (95.4%)

第2章 汉晋时期的罗布泊环境与古楼兰兴衰

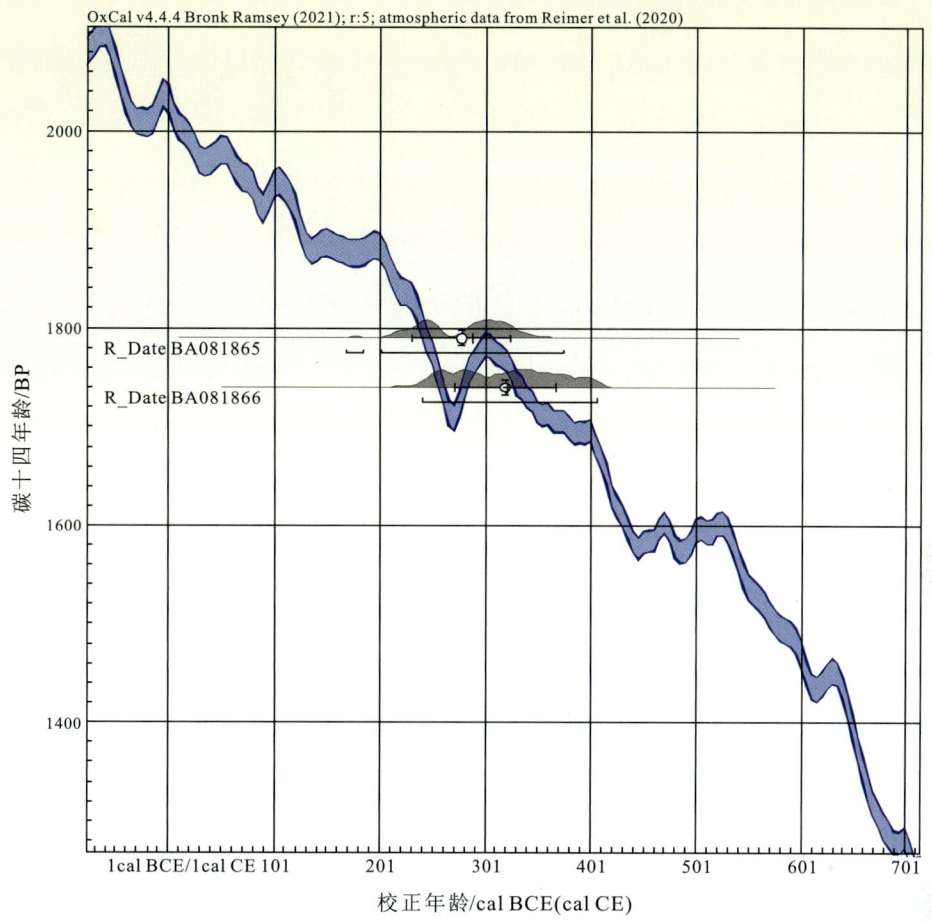

图 2.1.16 方城遗址碳十四年代数据的校正结果

2.1.9 LF 遗址

LF 遗址位于方城东北约 3.8km 处,修建在高大雅丹的顶部(图 2.1.17A)。野外观察可知,遗址墙体沿雅丹陡崖修建,由土坯砖块修砌而成,残存较多榫卯木构件(图 2.1.17B)。实地可见多个隔间遗迹,地表有较厚的芦苇和动物粪便混杂堆积层。该遗址尚未有碳十四年龄报道,Stein(1921)推测其为汉晋时期的戍堡遗迹。

2.1.10 LK 遗址

LK 遗址为大型古城遗迹,位于楼兰古城西南约 50km 处。遗址周围为活动沙丘与雅丹相间地貌,在其西边有一古河道,但河床已被沙丘覆盖。古城形态基本为长方形,东南城墙残存长约 70m,东北城墙残存长约 150m(图 2.1.18A)。城墙保存相对较好,主要由粗树干(枝)与夯土层交替构成。城门位于北墙东端,采用榫卯结构将许多木梁、木柱连接为一体

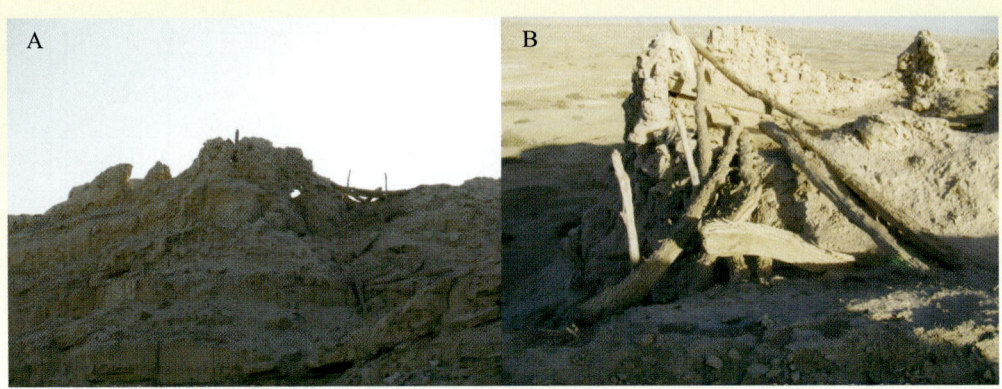

图 2.1.17　LF 遗址
A.从地表仰看位于雅丹顶部的遗址；B.遗址中的砖砌与木构建筑

(图 2.1.18B)。城内房址墙体由柽柳枝束与夯土组成(图 2.1.18C)，地表散落大量陶片、铜器和铁器。LK 遗址的碳十四测年材料包括城内大型木构件样品、城墙中的植物碎片和城内地表散落的动物残骸(表 2.1.9)，拟合校正结果显示年代主要分布在约 320~640CE(2σ范围)(图 2.1.19)。

图 2.1.18　LK 遗址
A.古城全景图；B.城门以及大量大型木构建筑；C.城内建筑

第2章 汉晋时期的罗布泊环境与古楼兰兴衰

表 2.1.9　LK 遗址的碳十四测年数据

序号	实验室编号	碳十四年龄/BP	测年材料	参考文献	拟合年龄(2σ)
1	Beta-494209	1680±30	木梁	Li et al., 2019	261～278CE (2.6%) 331～438CE (74.8%) 456～480CE (4.2%) 492～538CE (13.9%)
2	Beta-494210	1560±30	木梁	Li et al., 2019	428～568CE (95.4%)
3	Beta-423832	1550±30	动物牙齿	Shao et al., 2022	430～575CE (95.4%)
4	Beta-423833	1470±30	动物牙齿	Shao et al., 2022	438～460CE (6.2%) 478～496CE (5.1%) 537～641CE (84.2%)
5	Beta-423838	1590±30	动物角	Shao et al., 2022	420～548CE (95.4%)
6	Beta-423841	1540±30	动物牙齿	Shao et al., 2022	432～585CE (95.4%)
7	WB89-21	1585±80	木材碎片(F1)	新疆文物考古研究所等,1997	362～600CE (95.4%)
8	WB89-22	1625±70	东墙的木材碎片	新疆文物考古研究所等,1997	345～576CE (95.4%)
9	WB89-23	1660±95	西墙的木材碎片	新疆文物考古研究所等,1997	309～586CE (95.4%)
10	WB89-24	1720±90	北墙的木材碎片	新疆文物考古研究所等,1997	274～562CE (95.4%)
11	WB89-25	1795±80	南墙的木材碎片	新疆文物考古研究所等,1997	248～545CE (95.4%)

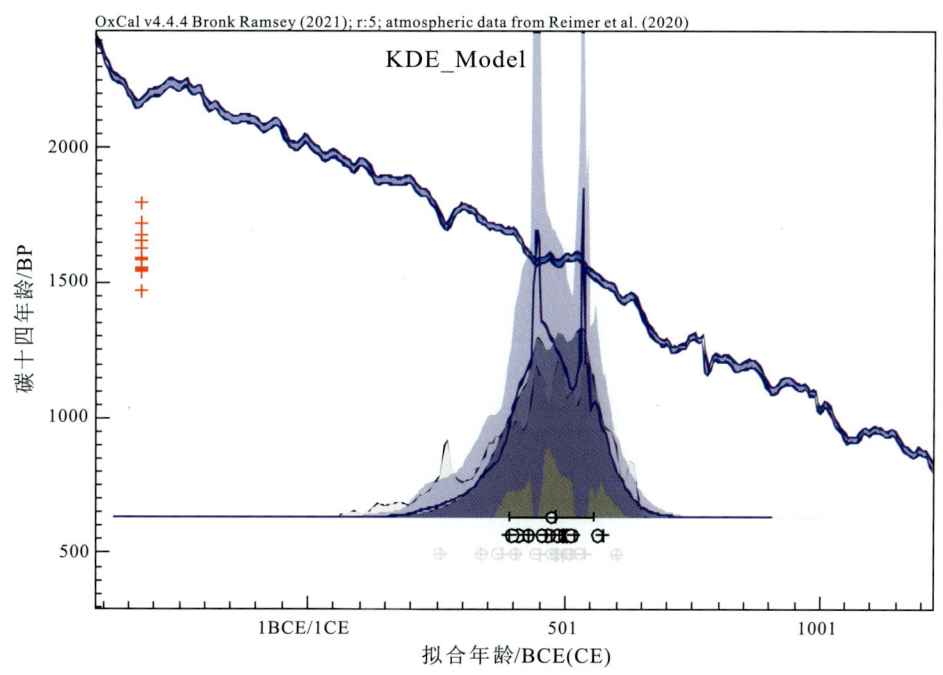

图 2.1.19　LK 遗址碳十四年代数据的拟合校正结果

2.1.11 LL 遗址

LL 遗址位于 LK 遗址西南约 5.2km 处,整体呈近长方形(图 2.1.20A),构筑方法与 LK 遗址相似。该遗址被风沙掩埋情况严重,内部形成高大沙丘。东南城墙残存约 57m,西南城墙残存约 70m,城墙以柽柳枝与树干互层为主,辅以泥灰(图 2.1.20B)。城内房舍建材以柽柳枝为主,树干做立柱。地表散落大量木构件、陶片、铜器和铁器等遗物。Stein(1921)推测其可能为成堡性质的遗址。LL 遗址的碳十四测年材料包括遗址内部大型木构件样品和城墙的木材碎片(表 2.1.10),校正后中值年龄分别为(281±95)CE、(485±174)CE 和(363±49)CE(图 2.1.21)。

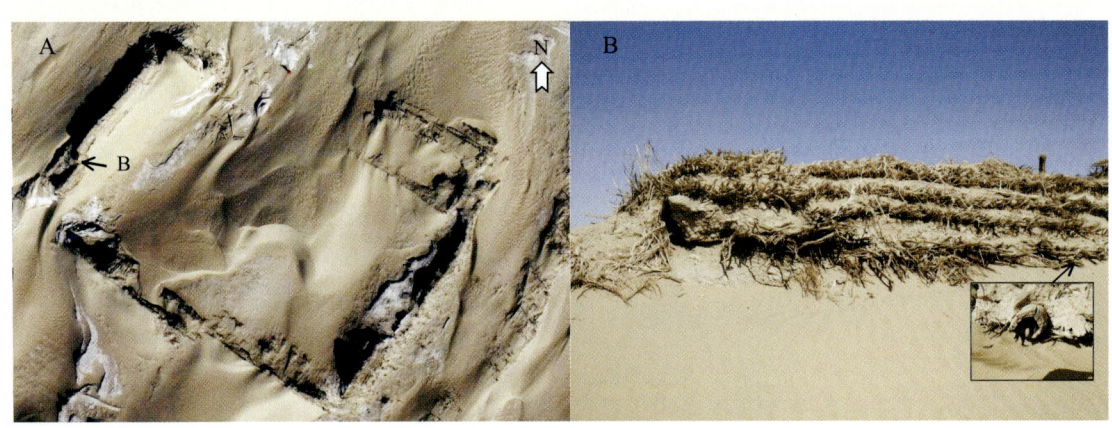

图 2.1.20 LL 遗址

A. 平面图;B. 由泥土、柽柳枝和树干等互层构成的城墙

表 2.1.10 LL 遗址的碳十四测年数据

序号	实验室编号	碳十四年龄/BP	测年材料	参考文献	校正年龄(2σ)
1	WB89-28	1780±80	东墙的木材碎片	新疆文物考古研究所等,1997	64~432CE(95.4%)
2	WB89-29	1555±170	西墙的木材碎片	新疆文物考古研究所等,1997	86~93CE(0.2%) 118~778CE(93.5%) 786~829CE(1.3%) 856~872CE(0.4%)
3	Beta-494211	1700±30	木梁	Li et al.,2019	254~288CE(19.9%) 323~418CE(75.5%)

2.1.12 LM 遗址

LM 遗址位于 LK 遗址西北约 9km,附近为沙丘和干河床地貌。遗址地表散落陶器、铁器残片和木构件等(图 2.1.22),属于居址性质遗迹(新疆文物考古研究所,2022)。LM 遗址

第2章 汉晋时期的罗布泊环境与古楼兰兴衰

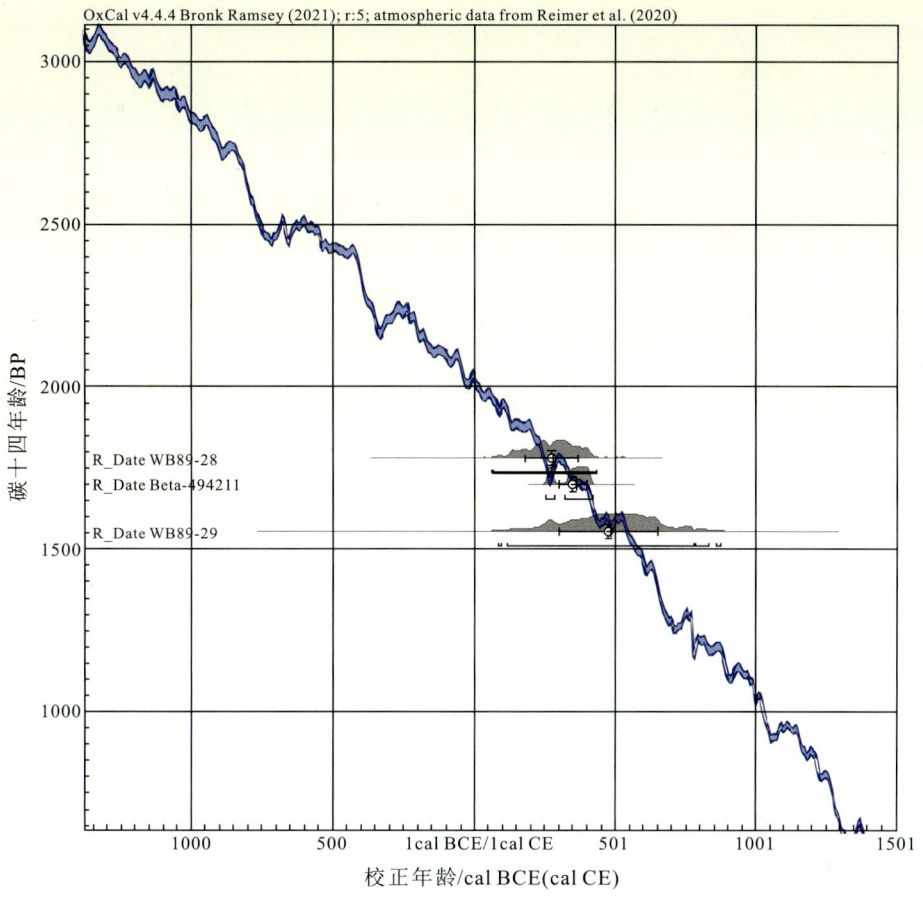

图 2.1.21　LL 遗址碳十四年代数据的校正结果

目前未有碳十四测年结果报道。从居址采集的遗物来看,LM 居址属于汉晋时期的民居遗迹(新疆文物考古研究所,2022)。

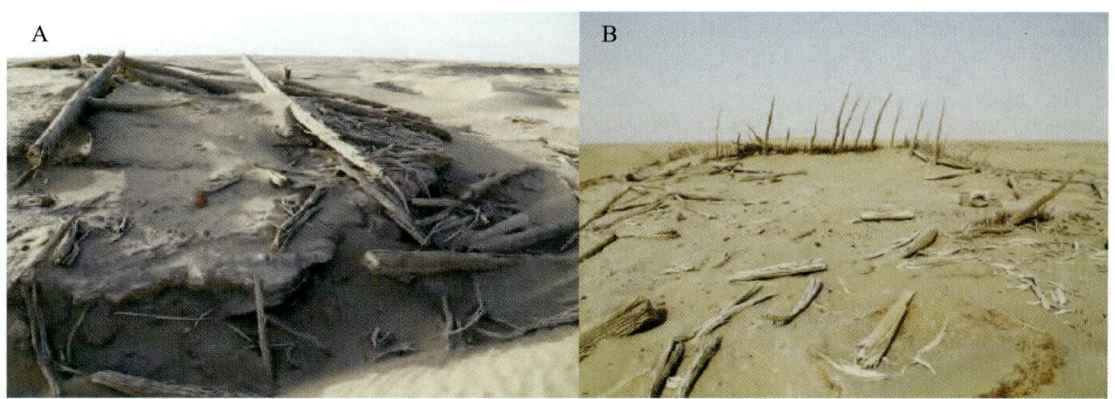

图 2.1.22　LM 遗址(引自新疆文物考古研究所,2022)
A. 坍塌的墙体和木构件;B. 木滑泥墙式建筑

2.1.13 咸水泉遗址

咸水泉遗址位于楼兰古城遗址西北约57km处,周围发育雅丹地貌。该遗址呈圆形(图2.1.23A),墙体坍塌严重,西南段墙体残长约48m,由植物与泥土混合砌成(图2.1.23B)。据发现者初步推测,该遗址是元凤四年(公元前77年)前楼兰国都城(胡兴军等,2017)。咸水泉遗址的碳十四测年材料包括墙体顶部的木材与墓室结构中的芦苇和人工制品(表2.1.11),年代拟合结果显示该遗址持续时间为40~420CE(2σ范围)(图2.1.24)。

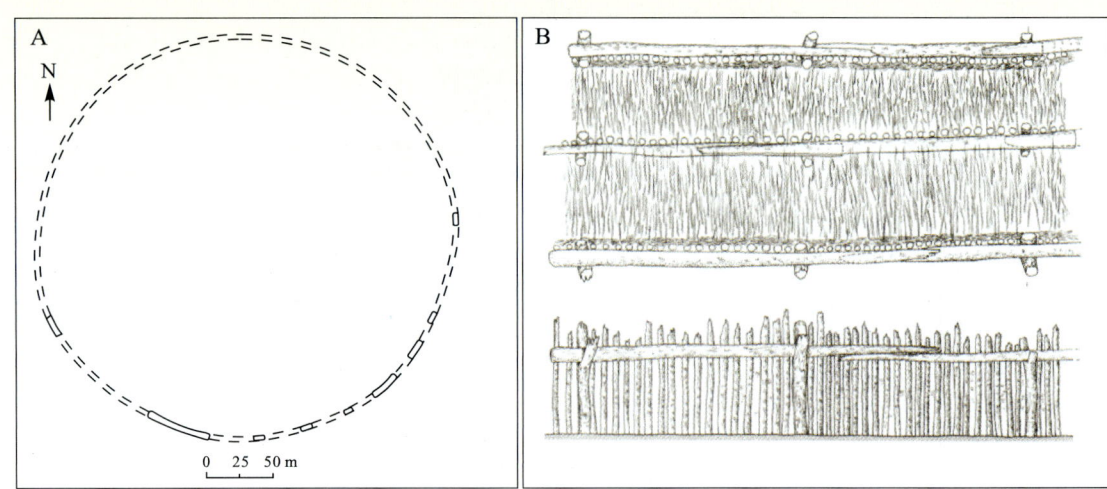

图2.1.23 咸水泉古城线画图(引自胡兴军等,2017)

A. 平面图;B. 墙体俯视图(上)与剖面图(下)

表2.1.11 咸水泉遗址的碳十四测年数据

序号	样品编号	碳十四年龄/BP	测年材料	参考文献	拟合年龄(2σ)
1	2017YXC:1	1790±30	西南墙顶部的柽柳枝	胡兴军等,2017	208~264CE(46.4%) 272~340CE(49.0%)
2	2017YXC:2	1790±30	西南墙顶部的柽柳枝	胡兴军等,2017	208~264CE(46.9%) 273~340CE(48.5%)
3	2017YXC:3	1790±30	西墙顶部的柽柳枝	胡兴军等,2017	208~264CE(46.6%) 273~340CE(48.8%)
4	2017YXM1:1	1820±30	墓室顶棚的芦苇	胡兴军等,2017	130~144CE(2.5%) 158~258CE(63.0%) 281~328CE(29.9%)
5	2017YXM2:1	1940±30	墓室内毛毡	胡兴军等,2017	23~210CE(95.4%)
6	2017YXM3:1	1940±30	墓室内丝绢	胡兴军等,2017	22~209CE(95.4%)

第2章 汉晋时期的罗布泊环境与古楼兰兴衰

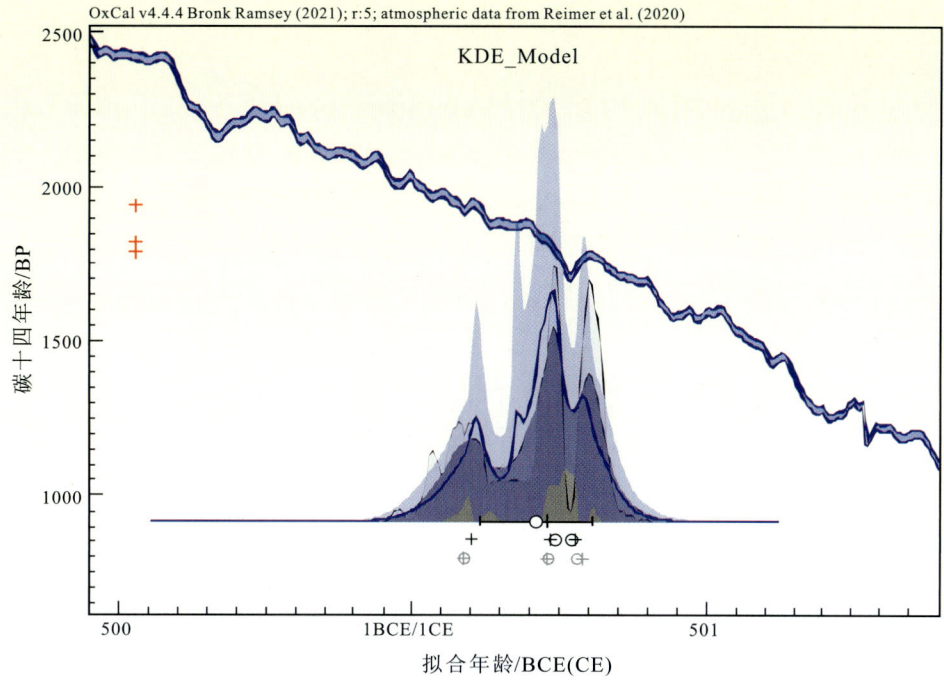

图 2.1.24　咸水泉遗址碳十四年代数据的拟合校正结果

2.1.14　麦德克遗址

麦德克遗址位于若羌县城东北约 120km 处,周围是沙丘地貌和大片枯死林地。该遗址呈圆形(图 2.1.25A),墙体为夯土版筑,夹平铺的芦苇和柽柳层(图 2.1.25B)。遗址南部有缺口,可见带榫卯结构的立柱,遗址内部残留多个土坯房基。麦德克遗址目前未有碳十四测年结果报道,考古调查的推测年代为两汉时期(新疆文物考古研究所,2022)。

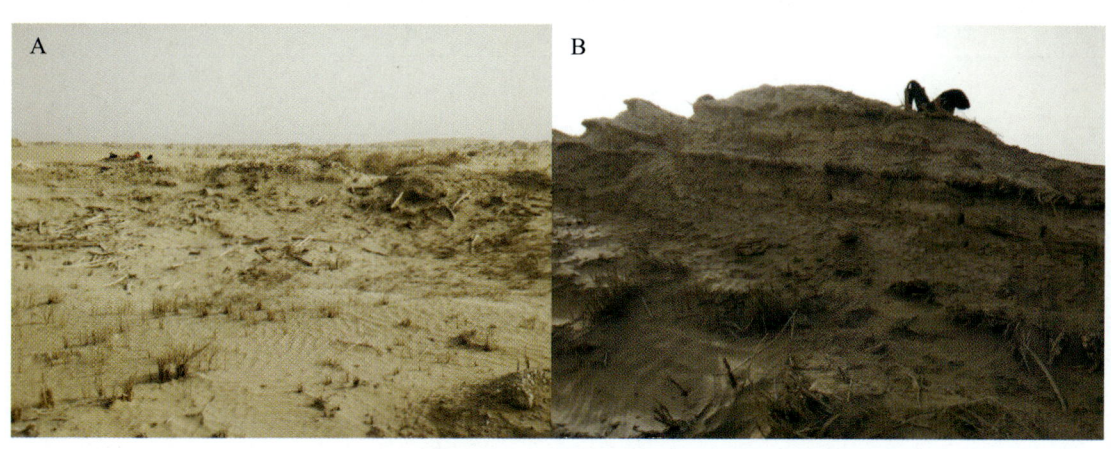

图 2.1.25　麦德克遗址
A. 圆形城墙与遗址内散落的木构件;B. 由夯土层和植物层互层构成的城墙

33

2.1.15 营盘遗址

营盘遗址位于楼兰古城北偏西约 200km 处,包括圆形古城(图 2.1.26)和烽燧等建筑遗迹以及公共墓地(李文瑛,1999)。营盘墓地中不仅有彩棺遗存(于志勇等,2006;Wang et al.,2022),而且出土一批玻璃器物,包括夹金箔层玻璃珠和一枚彩色人面纹玻璃珠,其工艺风格与东南亚地区同类产品具有一定的相似性(刘念等,2020;王栋等,2022)。营盘墓地中同样保存较多植物遗存,谷物类包括黍、麦、青稞等,此外还有葡萄相关遗存(Chen et al.,2016)。营盘遗址的碳十四测年材料包括遗址中采集的植物遗存(谷物种子、芦苇、木材等)和人骨(表 2.1.12),校正后结果显示遗址的使用时间主要分布在约 100~450CE(图 2.1.27)。

图 2.1.26 营盘遗址野外照片

表 2.1.12 营盘遗址的碳十四测年数据

序号	实验室编号	碳十四年龄/BP	测年材料	参考文献	校正年龄(2σ)
1	Beta-416250	1730±30	人骨	Wang et al.,2022	248~298CE (32.6%) 306~406CE (62.9%)
2	UBA-21945	1844±32	黍种子	Chen et al.,2016	120~252CE (91.4%) 292~315CE (4.0%)
3	ZK-3097	1667±57	木材	Wang et al.,2014	250~295CE (13.1%) 310~542CE (82.4%)
4	ZK-3098	1774±80	芦苇	Wang et al.,2014	70~434CE (94.8%) 467~472CE (0.2%) 518~528CE (0.4%)
5	ZK-3099	1764±55	芦苇	Wang et al.,2014	133~139CE (0.5%) 160~190CE (2.5%) 200~416CE (92.5%)

第2章 汉晋时期的罗布泊环境与古楼兰兴衰

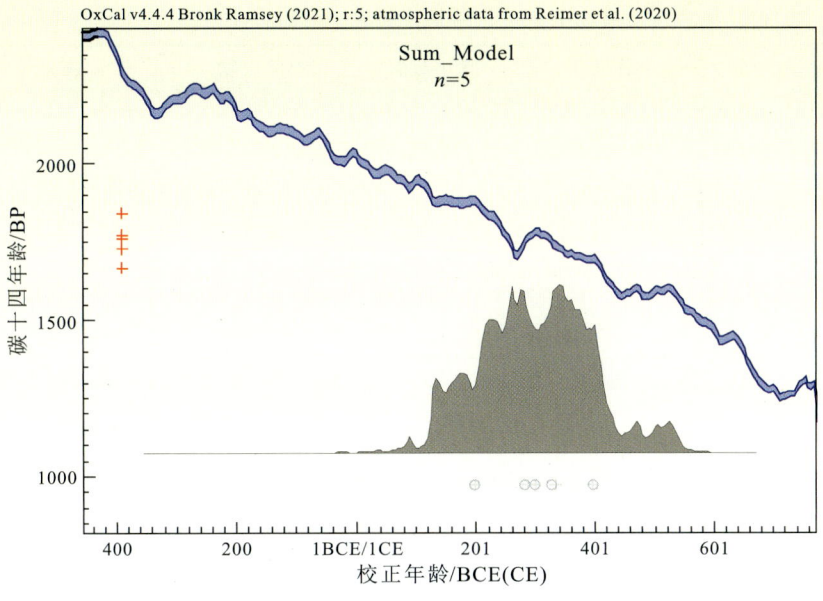

图 2.1.27 营盘遗址碳十四年代数据的校正结果

2.1.16 米兰遗址

米兰遗址位于若羌县城东北约 80km 处，遗址保护区面积较大（约 45km²）（Lü et al., 2010），周围是戈壁和柽柳沙包地貌。地表风蚀严重，细粒物质被吹扬至下风向沉积，原地保存大量砾石。遗址区内早期遗迹包括戍堡和佛寺（图 2.1.28），还有系统的古耕地和灌溉水利工程等遗迹（Luo et al., 2017）。该遗址曾是古丝绸之路南道上的重要枢纽，考古学年代可上溯至汉代（林梅村，1993；林立，2003）。米兰遗址的测年材料为木材遗存（表 2.1.13），校正后中值年龄为 (400±123)CE（图 2.1.29）。

图 2.1.28 米兰遗址
A. 戍堡建筑；B. 佛寺建筑

35

表 2.1.13　米兰遗址的碳十四测年数据

序号	实验室编号	碳十四年龄/BP	测年材料	参考文献	校正年龄(2σ)
1	XLLQ1673	1660±115	胡杨	Lü et al., 2010	130～144CE（0.7%） 155～608CE（93.8%） 622～638CE（0.9%）

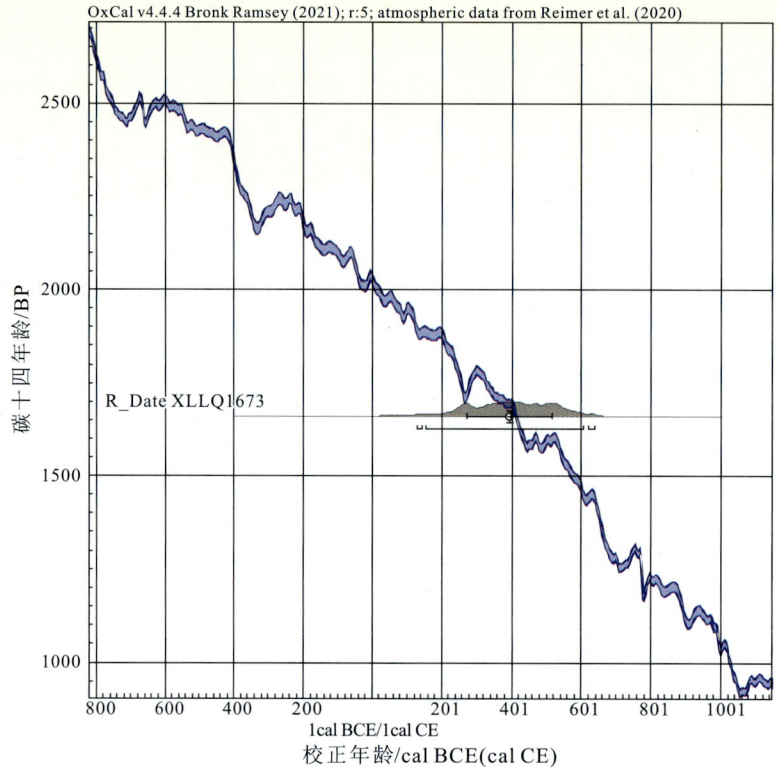

图 2.1.29　米兰遗址碳十四年代数据的校正结果

2.1.17　且尔乞都克遗址

且尔乞都克遗址位于若羌县城东南约6km处，周围属于戈壁环境，地表被现代人类活动改造的程度较大。野外仅能够观察到残存的土墩基址（图2.1.30），可见草拌泥建筑结构。该遗址的碳十四测年材料为植物残体（表2.1.14），校正后结果的中值年龄为(242±63)CE（图2.1.31）。

图 2.1.30　且尔乞都克遗址

第2章 汉晋时期的罗布泊环境与古楼兰兴衰

表 2.1.14 且尔乞都克遗址的碳十四测年数据

序号	实验室编号	碳十四年龄/BP	测年材料	参考文献	校正年龄(2σ)
1	BA081868	1810±45	植物残体	Lü et al., 2010	122~360CE (95.4%)

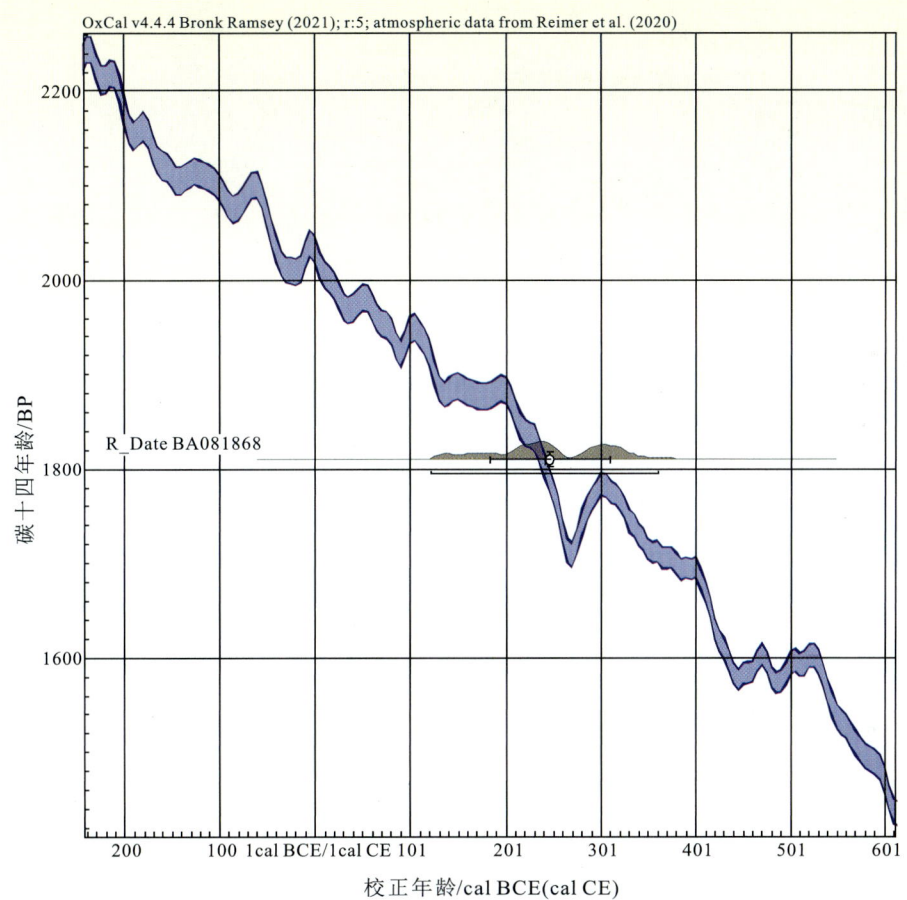

图 2.1.31 且尔乞都克遗址碳十四年代数据的校正结果

2.1.18 瓦石峡遗址

瓦石峡遗址位于若羌县瓦石峡河西侧的下游洪积扇前缘,由城址和墓葬两部分组成。遗址附近的现今地貌以密集柽柳沙包与活动沙丘环境为特征,野外可见较多居住遗迹,但实际城址范围很难确定。墓葬位于城址南侧的戈壁地貌区(图 2.1.32),根据墓葬形制可分为竖穴土坑墓、竖穴木棺墓两类(新疆文物考古研究所,2021)。瓦石峡遗址的碳十四测年材料是人骨和芦苇遗存(表 2.1.15),校正后中值年龄分别为(131±51)CE 和(187±32)CE (图 2.1.33)。

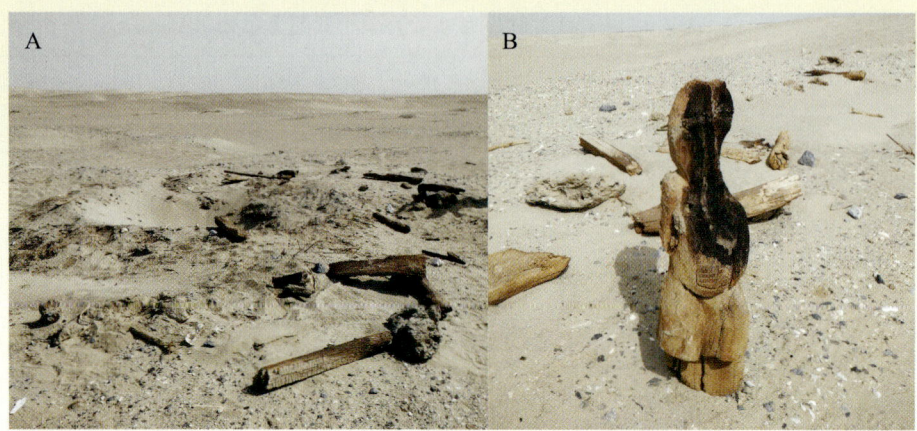

图 2.1.32 墓葬遗迹

A. 被破坏的墓葬;B. 木俑

表 2.1.15 瓦石峡遗址的碳十四测年数据

序号	实验室编号	碳十四年龄/BP	测年材料	参考文献	校正年龄(2σ)
1	—	1910±35	人骨(M1)	新疆文物考古研究所,2021	26~218CE (95.4%)
2	—	1855±20	芦苇(M1)	新疆文物考古研究所,2021	128~235CE (95.4%)

注:—表示原始文献中未提供相应信息;后同。

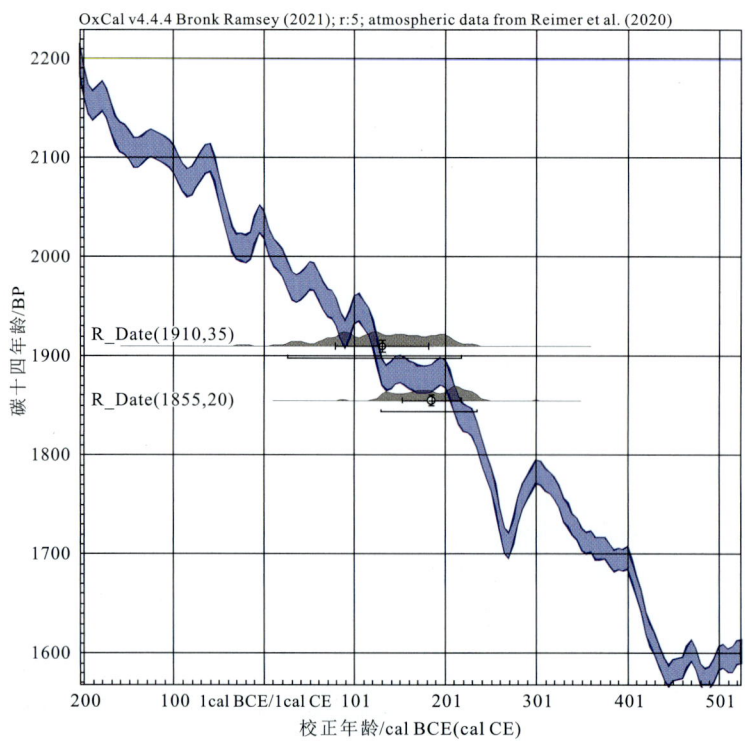

图 2.1.33 瓦石峡遗址碳十四年代数据的校正结果

2.1.19 孤台墓地(LC/MB)

墓葬位于一处呈东北-西南向走向的雅丹孤台顶部(图2.1.34A),故称为孤台古墓。前人在调查与试掘中曾发现织锦、木器等物品(图2.1.34B)(Stein,1921;新疆楼兰考古队,1988a),地表散落大量人骨和棺木构件(Li et al.,2019)。墓葬保存情况较差,已暴露的墓穴均为土坑竖穴墓,埋葬方式为多人合葬(魏东等,2020)。墓葬的碳十四测年材料为丝织物和木材碎片(表2.1.16),校正后中值年龄分别为(81±53)CE 和(166±99)CE(图2.1.35)。

图2.1.34 孤台古墓的平面图(A)与散落地表的木材与骨骼遗存(B)

表2.1.16 孤台古墓的碳十四测年数据

序号	实验室编号	碳十四年龄/BP	测年材料	参考文献	校正年龄(2σ)
1	BA081864	1945±35	丝织物	Lü et al., 2010	34~15BCE (3.5%) 6~204CE (91.9%)
2	WB80-25	1870±80	木材碎片(MB1)	新疆文物考古研究所,1995	41~8BCE (2.9%) 1BCE~361CE (92.6%)

2.1.20 平台古墓(MA)

墓地周围地势平缓,处于雅丹地貌中,雅丹分布不密集(图2.1.36)。墓葬修建在高雅丹顶部,顶面比较平坦,长约40m,宽约20m,高出地面约10m。地表散落较多骨骼、织物、木器等遗物,风化严重。野外观察分辨出两种墓穴类型,包括土坑竖穴墓($n>4$)和带斜坡墓道的竖穴墓($n>2$),埋葬方式以多人合葬为主(新疆楼兰考古队,1988a;魏东等,2020)。墓葬的碳十四测年材料为木材碎片(表2.1.17),校正后中值年龄为(1±106)CE(图2.1.37)。

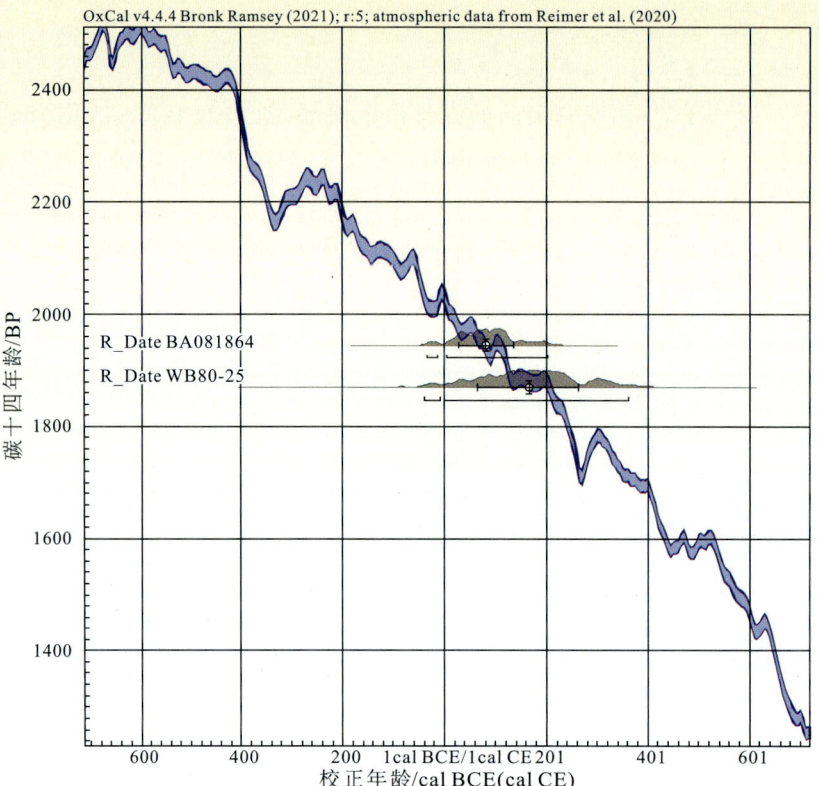

图 2.1.35　孤台古墓碳十四年代数据的校正结果

图 2.1.36　平台古墓的野外地貌环境（引自魏东等，2020）

第2章 汉晋时期的罗布泊环境与古楼兰兴衰

表 2.1.17 平台古墓的碳十四测年数据

序号	实验室编号	碳十四年龄/BP	测年材料	参考文献	校正年龄(2σ)
1	WB80-24	2010±75	木材碎片（MA2）	新疆文物考古研究所，1995	196BCE～209CE（95.4%）

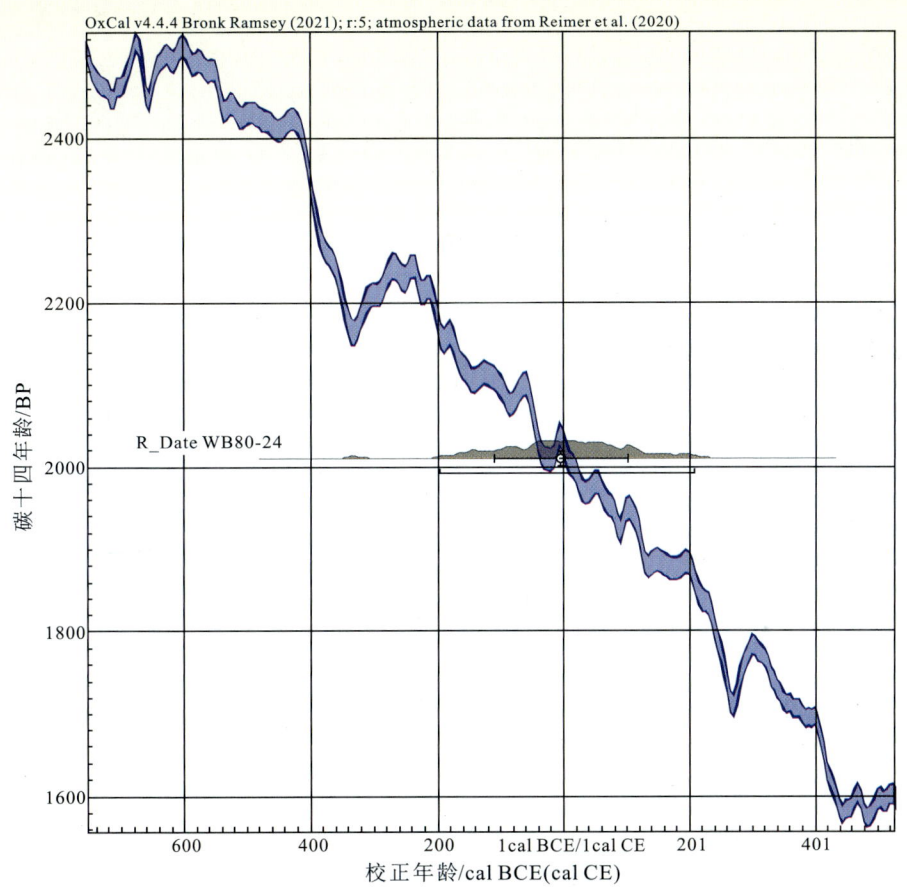

图 2.1.37 平台古墓碳十四年代数据的校正结果

2.1.21 09LE53 墓地

墓地位于大雅丹顶部北端（图 2.1.38A），雅丹高约 25m，长约 380m，宽约 65m。墓葬已被严重破坏，地表散落芦苇秆、草编绳和胡杨柱。墓地以南约 5m 处为雅丹冲沟，沟内有厚约 1.2m、呈水平产出的芦苇层与动物粪便（骆驼粪和羊粪）混杂堆积层互层（图 2.1.38B），延伸至雅丹土层内；混杂物中夹杂毛毡碎片，为古代生活遗迹。往下为雅丹次级平台，高约 20m，地表散落较多人类遗骸和塌落的木杆、草编绳和芦苇束。墓葬的碳十四测年材料为地表采集的草编绳、毛毡和骆驼粪（表 2.1.18），年龄主体分布在约 200BCE～50CE（图 2.1.39）。

图 2.1.38　09LE53 墓地野外照片

A.雅丹顶部的墓坑与植物遗存；B.散落在雅丹边坡和风蚀沟的植物遗存

表 2.1.18　09LE53 墓地的碳十四测年数据

序号	实验室编号	碳十四年龄/BP	测年材料	参考文献	校正年龄（2σ）
1	Beta-494762	2000±30	草编绳	Li K K et al., 2021	50BCE～84CE(91.0%) 96～116CE (4.4%)
2	Beta-494763	2140±30	毛毡	Li K K et al., 2021	350～293BCE (19.0%) 209～52BCE (76.5%)
3	Beta-494764	2090±30	骆驼粪	Li K K et al., 2021	196～185BCE (1.3%) 178～38BCE (91.4%) 12BCE～4CE (2.7%)

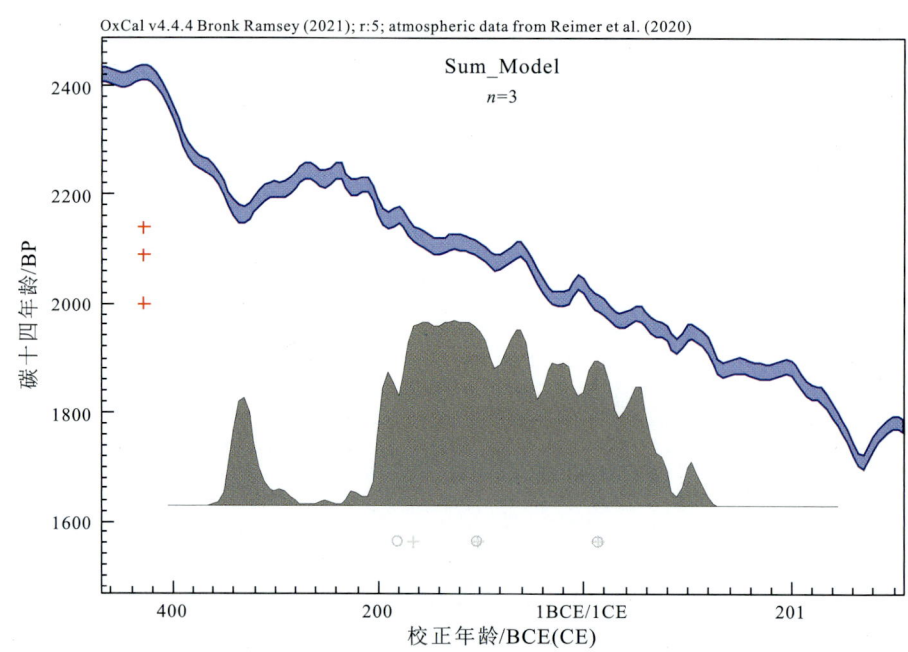

图 2.1.39　09LE53 墓地碳十四年代数据的校正结果分布

第2章 汉晋时期的罗布泊环境与古楼兰兴衰

2.1.22 09LE31墓地

墓地位于高约20m的大雅丹顶部,墓葬结构清晰,已被严重破坏。墓室四壁为土坯结构(图2.1.40),表面抹厚厚一层草拌泥,墓室内采集到织物、木器、铜器等遗物。墓地周围普遍发育高3~4m的小雅丹。墓葬的碳十四测年材料为植物碎屑(表2.1.19),校正后中值年龄分别为(87±48)BCE和(86±43)BCE(图2.1.41)。

图2.1.40　09LE31墓地照片

A.墓道;B.墓室内景

表2.1.19　09LE31墓地的碳十四测年数据

序号	实验室编号	碳十四年龄/BP	测年材料	参考文献	校正年龄(2σ)
1	CN187	1940±30	植物碎屑	Li K K et al., 2021	10~204CE (95.4%)
2	CN188	2075±25	植物碎屑	Li K K et al., 2021	169~36BCE (89.6%) 14BCE~4CE (5.8%)

2.1.23 2015一号墓地

墓地位于楼兰古城东南约8km处,墓葬在雅丹台地顶部(图2.1.42)。墓地被严重盗扰过,地表散布大量的人骨和遗物;野外可识别7座墓葬,墓葬形式均为竖穴土坑墓。已发表的牙齿和骨骼同位素数据显示,墓葬中人群具有较高的移动性和多样的来源(Wang et al., 2020)。在饮食方面,相较于罗布泊地区同时期其他人群,此墓葬人群消耗了更多的粟黍类食物(Wang X Y et al., 2024)。墓葬的碳十四测年材料为木材和织物样品(表2.1.20),校正后中值年龄分别为(249±58)CE和(242±49)CE(图2.1.43)。

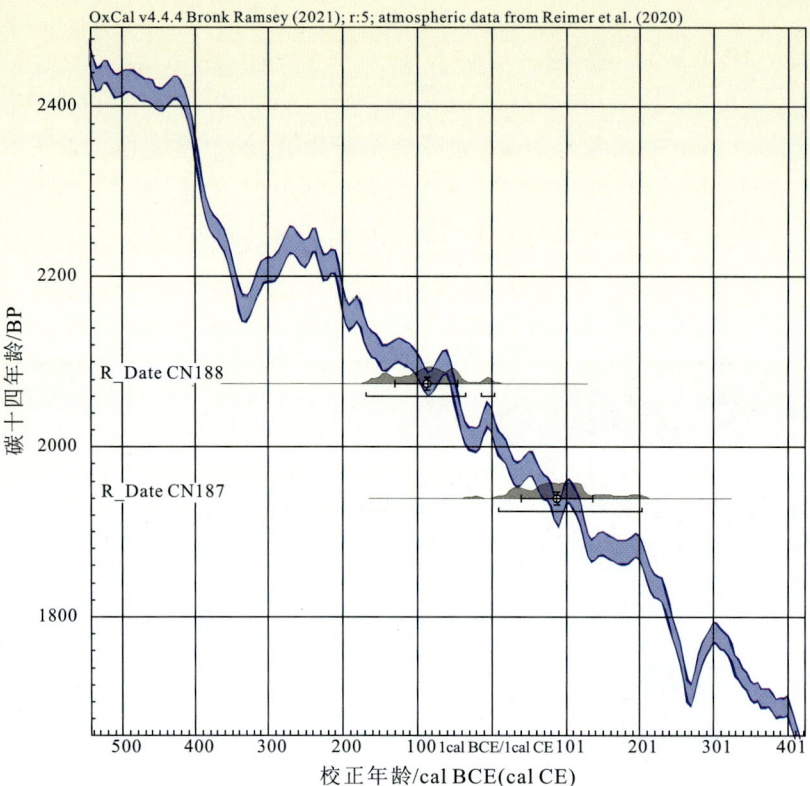

图 2.1.41　09LE31 墓地碳十四年代数据的校正结果

图 2.1.42　2015 一号墓地平面图（引自魏东等，2020）

第2章 汉晋时期的罗布泊环境与古楼兰兴衰

表 2.1.20 2015一号墓地的碳十四测年数据

序号	实验室编号	碳十四年龄/BP	测年材料	参考文献	校正年龄(2σ)
1	CN245	1805±40	木材	Wang et al., 2020	126~265CE (55.8%) 272~350CE (39.7%)
2	CN246	1810±30	织物	Wang et al., 2020	130~144CE (1.9%) 155~260CE (58.7%) 278~336CE (34.9%)

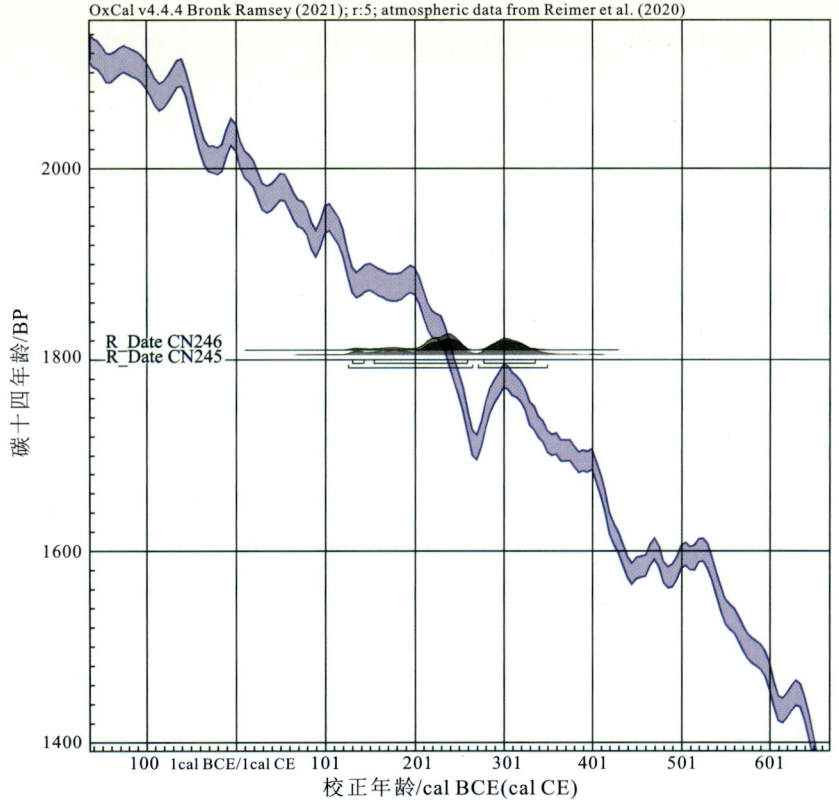

图 2.1.43 2015一号墓地碳十四年代数据的校正结果

2.1.24 楼兰壁画墓

墓地位于距楼兰文物保护站西约6km的一座雅丹台地上,总体处于楼兰墓葬群的东南部(Li et al., 2024b)。墓地由墓道、前室和后室等建筑单元组成,墙体表面绘有饮酒图壁画(图2.1.44C),推测为粟特人墓葬(陈晓露,2012)。前室平面呈长方形、平顶,中央矗立一个圆柱。后室比前室狭小,近似方形,也为平顶。此墓地尚未有碳十四测年数据报道,根据墓室结构、壁画、地理位置、楼兰道兴衰年代等特点,推测墓地年代为公元三四世纪(李青,2016)。

图 2.1.44　楼兰壁画墓

A.墓地所在的雅丹;B.墓道;C、D.墓室墙壁的彩绘图

2.1.25　黑山岭矿冶遗址

黑山岭矿冶遗址位于若羌县罗布泊镇东北约 455km 处,是绿松石采矿遗迹。考古调查发现多处古矿坑(图 2.1.45A),并采集到大量陶器(图 2.1.45B)等标本(西北大学文化遗产学院等,2020)。该遗址的碳十四测年材料包括骨头和木炭等(表 2.1.21),拟合年龄主体分布在约 1000~400BCE(2σ 范围)(图 2.1.46)。

图 2.1.45　黑山岭矿冶遗址(引自西北大学文化遗产学院等,2020)

A.矿坑遗迹;B.陶片遗存素描图

表 2.1.21　黑山岭矿冶遗址的碳十四测年数据

序号	实验室编号	碳十四年龄/BP	测年材料	参考文献	拟合年龄(2σ)
1	—	2410±30	骨头	西北大学文化遗产学院等,2020	748~689BCE (22.8%) 666~645BCE (5.5%) 548~401BCE (67.2%)
2	—	2380±25	木炭	西北大学文化遗产学院等,2020	734~698BCE (12.6%) 663~651BCE (3.1%) 542~396BCE (79.8%)
3	—	2460±20	木炭	西北大学文化遗产学院等,2020	758~681BCE (43.6%) 670~610BCE (14.4%) 594~458BCE (34.5%) 441~420BCE (2.9%)
4	—	2505±20	木炭	西北大学文化遗产学院等,2020	776~720BCE (34.1%) 706~662BCE (19.2%) 648~544BCE (42.1%)
5	—	2620±20	木枝	西北大学文化遗产学院等,2020	812~782BCE (95.4%)
6	—	2650±30	骨头	西北大学文化遗产学院等,2020	892~877BCE (2.9%) 838~780BCE (92.5%)

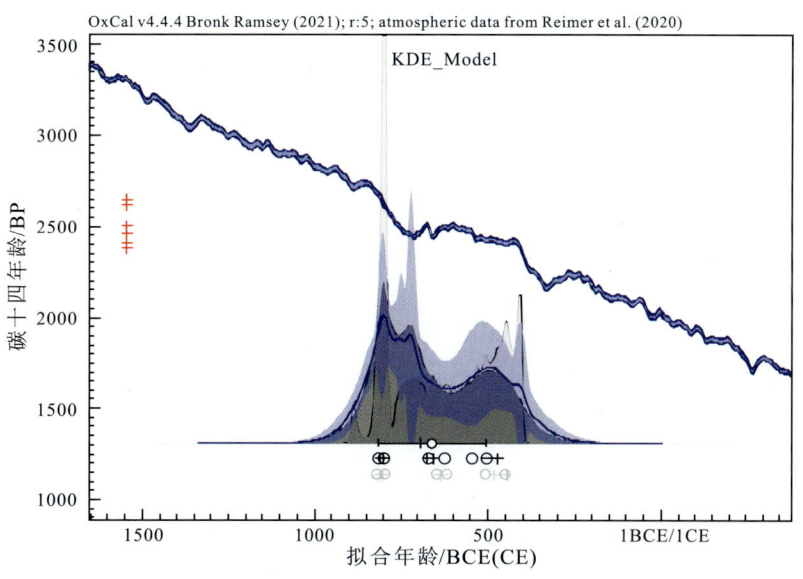

图 2.1.46　黑山岭矿冶遗址碳十四年代数据的拟合校正结果

2.1.26　小河古城

该遗址位于若羌县城北偏东约153km处,周围是移动沙丘地貌环境。遗址区地表散落较多动物骨骼、陶器和石器(图 2.1.47A),还有用植物和泥土建筑的墙体(图 2.1.47B)。遗址区内有大量红烧土遗迹。小河古城的碳十四测年材料为墙体顶部的柽柳枝和红烧土中的木炭(表2.1.22),年龄主要分布在约370~610CE(2σ范围)(图2.1.48)。

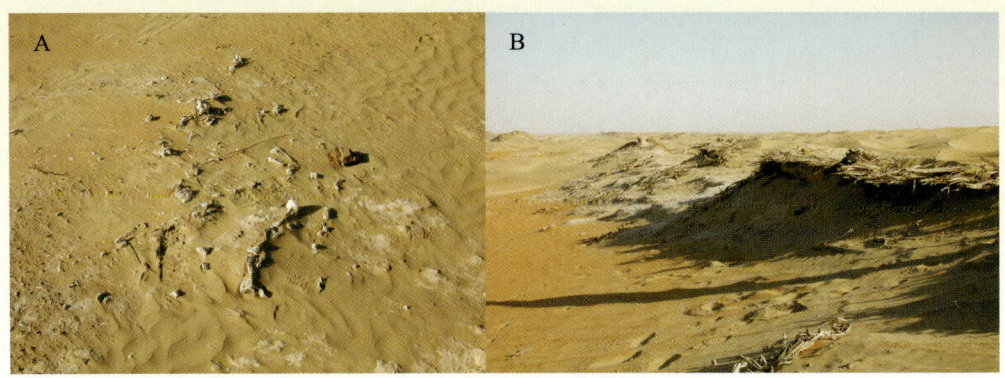

图2.1.47 小河古城野外照片

A.地表散落的骨骼等遗物;B.墙体遗迹

表2.1.22 小河古城的碳十四测年数据

序号	实验室编号	碳十四年龄/BP	测年材料	参考文献	拟合年龄(2σ)
1	BA081854	1635±35	柽柳枝	Lü et al., 2010	376~545CE (95.4%)
2	BA081855	1555±40	木炭	Lü et al., 2010	422~582CE (95.4%)
3	BA081856	1545±40	木炭	Lü et al., 2010	426~592CE (95.4%)

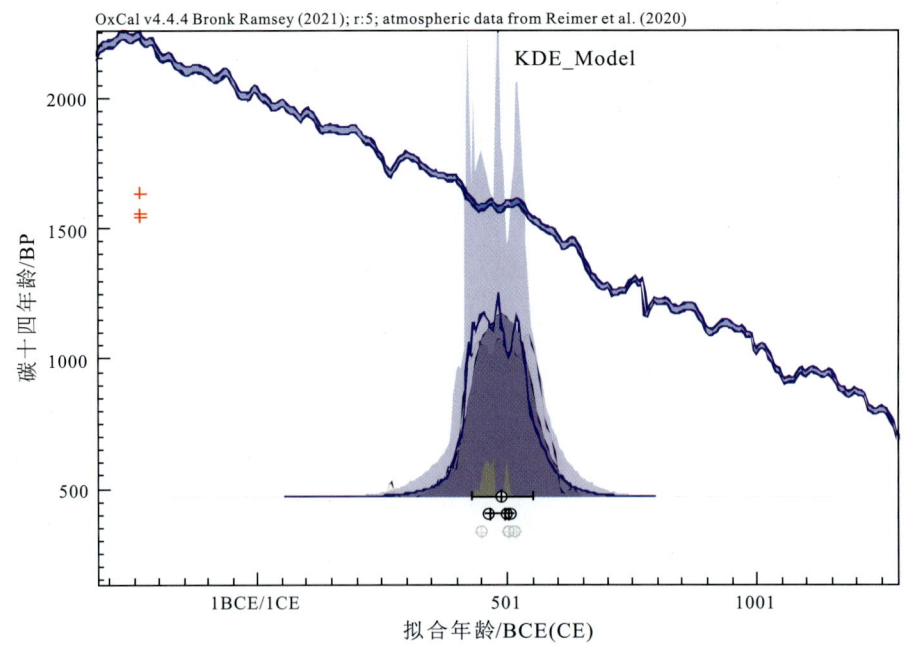

图2.1.48 小河古城碳十四年代数据的拟合校正结果

2.2 古楼兰的建筑用材与年代

2.2.1 木材类型

大型木构件木材样品分别采集自8个大型城址或居址,树种鉴定结果显示均为胡杨(*Populus euphratica*)木材,样品3个切面特征描述如下(图2.2.1和表2.2.1)。

横切面特征:导管横切面呈卵圆形及椭圆形,具多角形轮廓,多数为短径列复管孔(通常2~4个,稀至6个),少数单管孔,偶呈管孔团,壁薄,侵填体未见。轴向薄壁组织量少,轮界状。木纤维壁薄(图2.2.1A)。

径切面特征:射线细胞内部分含树胶,晶体未见,端壁节状加厚明显。木数较多和螺纹加厚未见,射线-导管间纹孔式为单纹孔,射线组织同形单列偶为异形Ⅲ型(图2.2.1B)。

弦切面特征:单列射线(图2.2.1C)。

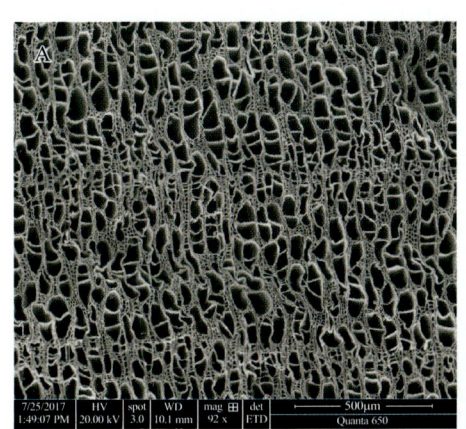
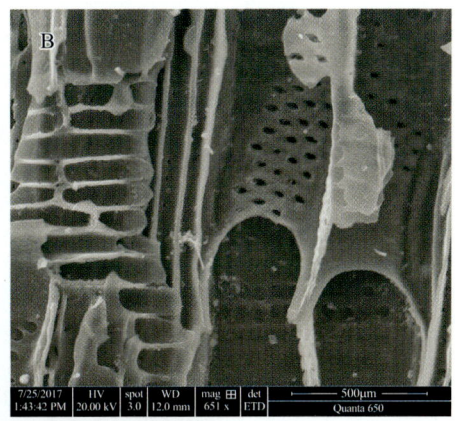
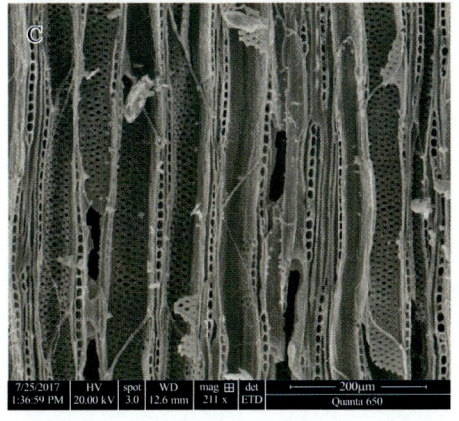

图2.2.1 胡杨木材的显微解剖照片
A.横切面;B.径切面;C.弦切面

表 2.2.1　楼兰遗址群木材鉴定样品

样品编号	遗址点	木材类型	样品描述	参考文献
LA01	楼兰古城	胡杨	样品取自楼兰古城内佛塔附近地表散落的大型方木梁的最外层	Li et al., 2019
LA02	楼兰古城	胡杨	样品取自楼兰古城内佛塔附近地表散落的大型方木梁的最外层	Li et al., 2019
LA03	楼兰古城	胡杨	样品取自楼兰古城内佛塔附近地表散落的大型方木梁的最外层	Li et al., 2019
LA04	楼兰古城	胡杨	样品取自楼兰古城内佛塔附近地表散落的带有方孔的大型方木柱的最外层	Li et al., 2019
LA05	楼兰古城	胡杨	样品取自楼兰古城内佛塔附近地表散落的带有方孔的大型方木梁的最外层	Li et al., 2019
LA06	楼兰古城	胡杨	样品取自楼兰古城内佛塔附近地表散落的带有圆孔的大型方木梁的最外层	Li et al., 2019
LA07	楼兰古城	胡杨	样品取自楼兰古城内佛塔附近地表散落的带有方孔的大型方木梁的最外层	Li et al., 2019
LA08	楼兰古城	胡杨	样品取自楼兰古城内佛塔附近地表散落的带有方孔的大型方木梁的最外层	Li et al., 2019
Zhangza18	张币一号遗址	胡杨	样品取自遗址内地表散落的大型圆木梁的最外层	Li et al., 2019
Zhangza20	张币一号遗址	胡杨	样品取自遗址内地表散落的大型圆木的最外层	Li et al., 2019
Zhangza32	张币一号遗址	胡杨	样品取自遗址内地表散落的大型木构件的最外层	Li et al., 2019

第2章 汉晋时期的罗布泊环境与古楼兰兴衰

续表 2.2.1

样品编号	遗址点	木材类型	样品描述	参考文献
Zhangza33	张币一号遗址	胡杨	样品取自遗址内地表散落的大型木构件和木柱的最外层	Li et al., 2019
Zhangza35	张币一号遗址	胡杨	样品取自遗址内地表散落的大型木构件和木柱的最外层	Li et al., 2019
DBFT16	楼兰东北遗址	胡杨	样品取自遗址内地表散落的带有方孔的大型木构件的最外层	Li et al., 2019
DBFT17	楼兰东北遗址	胡杨	样品取自遗址内地表散落的带有方孔的大型木梁的最外层	Li et al., 2019
DBFT18	楼兰东北遗址	胡杨	样品取自遗址内地表散落的带有圆孔的大型木梁的最外层	Li et al., 2019
DBFT19	楼兰东北遗址	胡杨	样品取自遗址内地表散落的带有圆孔的大型木梁的最外层	Li et al., 2019
DBFT20	楼兰东北遗址	胡杨	样品取自遗址内地表散落的大型木柱的最外层	Li et al., 2019
DBFT21	楼兰东北遗址	胡杨	样品取自遗址内地表散落的大型木柱的最外层	Li et al., 2019
Tuyin12	土垠遗址	胡杨	样品取自遗址内水平产出的木构件的最外层	Li et al., 2019
LC05	LC墓地	胡杨	样品取自墓葬中散落的棺木用材的最外层	Li et al., 2019
LB07	LB遗址	胡杨	样品取自遗址内地表散落的大型木梁或木柱的最外层	Li et al., 2019
LB08	LB遗址	胡杨	样品取自遗址内地表散落的大型木梁或木柱的最外层	Li et al., 2019
LB09	LB遗址	胡杨	样品取自遗址内地表散落的大型木梁或木柱的最外层	Li et al., 2019

续表 2.2.1

样品编号	遗址点	木材类型	样品描述	参考文献
LK03	LK 古城	胡杨	样品取自 LK 古城北门口地表散落的大型木柱的最外层	Li et al., 2019
LK10	LK 古城	胡杨	样品取自遗址内地表散落的大型木框架梁的最外层	Li et al., 2019
LK12	LK 古城	胡杨	样品取自 LK 古城门道附近地表散落的大型木柱的最外层	Li et al., 2019
LL17	LL 古城	胡杨	样品取自遗址内地表散落的带圆孔的大型木梁或木柱的最外层	Li et al., 2019
LL18	LL 古城	胡杨	样品取自遗址内地表散落的带圆孔的大型木梁或木柱的最外层	Li et al., 2019
LL19	LL 古城	胡杨	样品取自遗址内被风沙掩埋房屋的大型木梁或木柱的最外层	Li et al., 2019
2015Lop-C1-M4-W1	2015 一号墓地	杨属	尸床	Wang et al., 2020
2015Lop-C1-M4-W2	2015 一号墓地	蔷薇科	木梳	Wang et al., 2020
2015Lop-C1-M4-W3	2015 一号墓地	杨属	漆器	Wang et al., 2020
2015Lop-C1-W3	2015 一号墓地	柽柳属	木制品碎片	Wang et al., 2020
2015Lop-C1-W4	2015 一号墓地	柽柳属	木盘	Wang et al., 2020
2015Lop-C1-W6	2015 一号墓地	杨属	木几	Wang et al., 2020
2015Lop-C1-W11	2015 一号墓地	云杉	箭杆	Wang et al., 2020
2015Lop-C1-W18	2015 一号墓地	柽柳属	木制品碎片	Wang et al., 2020
2015Lop-C1-W21	2015 一号墓地	柳属	木制品碎片	Wang et al., 2020
2015Lop-C1-W25	2015 一号墓地	蔷薇科	木制品碎片	Wang et al., 2020

第2章 汉晋时期的罗布泊环境与古楼兰兴衰

胡杨木材具有较轻软、纹理不直、结构较细、易干燥和易加工等特点,在我国西北考古遗址中经常出现(Zhang et al.,2017a,2017b;Jiang et al.,2018),是新疆地区居民以前利用的主要木材之一。芦苇和柽柳常作为建筑材料或建筑单元存在于楼兰古城等遗址内(秦小光等,2023),墓葬中也可见苇帘、苇床等(新疆楼兰考古队,1988a)。在罗布泊2015一号墓地中,遗存的木材主要是杨属、柽柳属、柳属、蔷薇科等木本植物(表2.2.1)(Wang et al.,2020),仅一件器物(箭杆)为云杉材质的(表2.2.1)。

胡杨和柽柳等木本植物是现今塔里木河下游地区的优势建群植被(朱绪超等,2015;Zhou et al.,2020),流域内保存有大面积天然胡杨林(Thevs et al.,2008b)。基于"将今论古"与"就近省力"原则,可以认为古楼兰遗址群中广泛利用的木材,是当地生长树木而并非外来(就地取材)。这进一步说明了当地的植被组成,即古楼兰时期罗布泊西岸存在较多的林木资源。同时这也表明,虽然古楼兰是中原地区和西域贸易往来的交通枢纽,但可能不存在远距离大规模的木材运输行为。

2.2.2 木材年代

在讨论考古遗址的绝对年代之前,需要评估木材样品(干湿木材、木炭等)的碳十四年龄是否能够代表人类活动的时间(Dong et al.,2014;Douglass et al.,2019)。木材是古人可利用的重要原材料,往往被长距离运输、反复利用(Bernabei et al.,2019;Cremaschi et al.,2021;Sands,2021),这种现象在全球多个地区(如埃及、英格兰等)考古遗址的相关研究工作中有所报道(Goodburn et al.,1997;Creasman,2013;Ford,2013)。

一方面,木材样品的碳十四年龄代表树木死亡的时间或是被测木材样品停止与大气进行碳十四交换的时间。若古老的木材被回收利用或被储存至后期使用,人类活动与木材的碳十四年龄并非一个相同或相近时间,而是存在较大偏差,这一现象被称为考古木材碳十四测年的"旧木问题"(Kim et al.,2019)。另一方面,古人在加工大型木构件的过程中,会除去树木外部一定量的木材(如树皮、生长层、边材等部分),甚至会除去部分心材(Wang et al.,2008;Barrett et al.,2019)。楼兰遗址中的木梁是经过细加工的木构件,如修整为方形的木料(Li et al.,2019)。假设遗址中的木材均为现伐现用,即树木死亡和人类活动在同一时间(无旧木问题),那么遗址中木构件木材样品的碳十四年龄又是否能够等同于树木被砍伐的时间呢?这是需要考虑的另一个问题。总之,确定是否存在以上两个问题的途径之一是选取不同类型植物遗存,测定一套碳十四年代,系统比较不同生长周期植物(一年生、多年生)的碳十四年龄异同以及考古背景信息,从而判断是否存在上述现象。

古楼兰遗址的碳十四测年结果显示,木本植物(木炭、胡杨、柽柳等长生长周期植物)与草本植物(芦苇等短生长周期植物)的定年结果相近(图2.2.2),表明楼兰遗址群中的旧木问题并不显著,这些大型木材有很大可能是现伐现用的(Li et al.,2019)。此外,我们曾从古楼兰多个遗址中采集了大型木构件(木梁、木柱等)的连续木芯样品,野外简单观察发现其年轮数为十几年至几十年,表明这些建筑用材(胡杨木)生长期较短、生长较快。年轮曲率中等弯曲(在单位面积内,曲率大指示木材相对靠近心材;反之,木材相对靠近边材)(Marguerie et al., 2007),且未有较大变化,表明木材并非绝对心材或树龄较小。据此推测,在楼兰遗址中木材被加工成对应木构件时,损失的木材量应该不大,遗址中保存的木构件样品的碳十四年龄可以代表树木被砍伐的时间,即人类活动的时间。

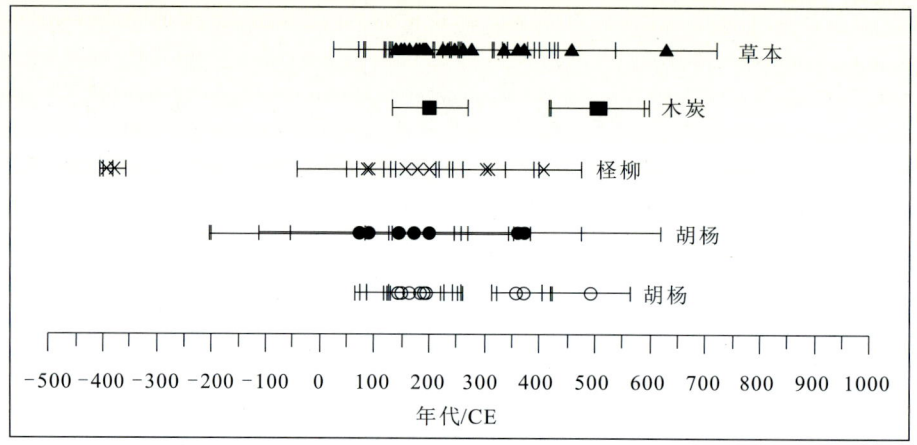

图2.2.2　古楼兰遗址(城址和村落等)中各类植物样品的碳十四年代数据分布

2.2.3　遗址年代

古楼兰遗址群的碳十四测年数据($n=91$)显示,罗布泊地区在800~400BCE期间存在矿冶行为(图2.1.46和图2.2.3),即黑山岭冶炼遗址。大型城址和村落的年代最早出现在400BCE前后(图2.2.3),对应楼兰古城与张币遗址区的早期人类活动(图2.1.1和图2.1.10)。之后,楼兰遗址群的主体持续时间为0~500CE,在600CE前后人类活动完全消失(图2.2.3)。

重要遗址的碳十四年代有一定差异。楼兰古城的人类活动可追溯至战国时期(Xu et al., 2017),人类活动密集期出现在东汉(Xu D K et al., 2023),并一直延续到魏晋。依据土垠遗址的碳十四年代结果(吕厚远等,2010)与考古出土木简的年代考释结果(孟凡人,1990)推测,该遗址的持续时间应在两汉时期。LB遗址、楼兰东北佛塔旁居址群和张币一号遗址均属于东汉至魏晋时期的遗存(Li et al., 2019),其中张币遗址区的人类活动早至战国时期(秦小光等,2023)。楼兰东南房舍的两个碳十四年龄显示其在晋代处于使用状态(秦小光等,2023),方城在晋代早期存在人类活动(吕厚远等,2010)。LK遗址的主体年代对应魏晋时期,晚至隋朝早期(新疆文物考古研究所等,1997;Li et al., 2019;Shao et al., 2022)。LL

第2章 汉晋时期的罗布泊环境与古楼兰兴衰

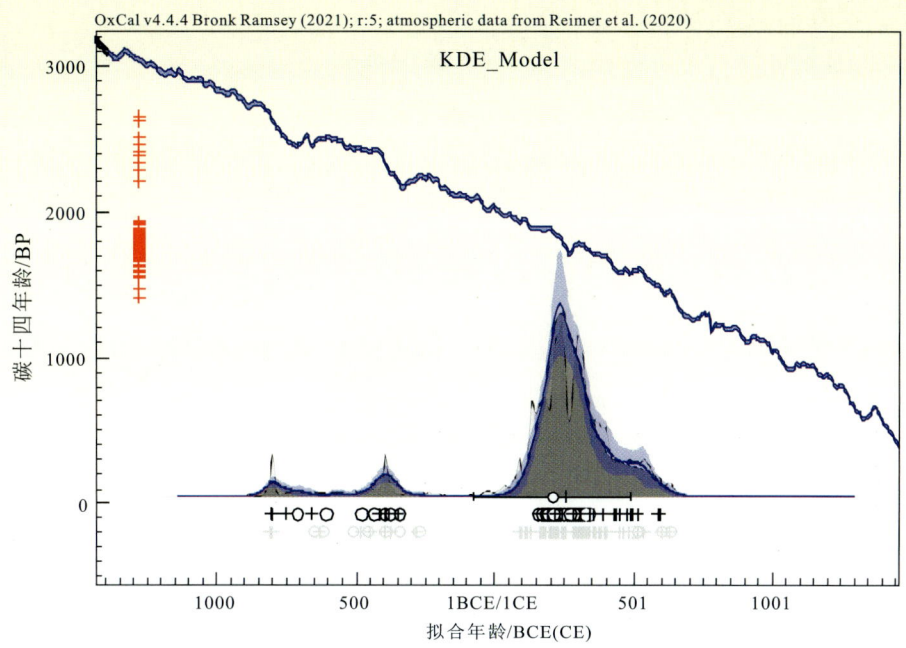

图 2.2.3 古楼兰遗址(非墓葬)的碳十四拟合年龄分布

遗址持续时间对应晋至南北朝(新疆文物考古研究所等,1997;Li et al.,2019)。咸水泉古城的测年结果显示,东汉时期该遗址处于使用状态(胡兴军等,2017)。瓦石峡早期遗址的使用时间对应东汉(新疆文物考古研究所,1995)。

古楼兰墓葬碳十四测年数据显示($n=17$),人类活动时间主要分布在200BCE~400CE(图 2.2.4)。楼兰古城附近墓葬属于东汉至魏晋时期遗存,如孤台墓地和2015罗布泊一号墓地(新疆楼兰考古队,1988a;Wang et al.,2020),与上述遗址的主要人类活动期可对应。楼兰北部古墓群墓葬(如09LE53和09LE31)的年龄相对更老,大致对应西汉至东汉早期。从碳十四年代上看,尚未发现与黑山岭冶炼遗址、楼兰古城和张市地区等早期人类活动对应的墓葬。不过也发现一个现象,即古楼兰墓葬的碳十四年龄在西汉出现一个高峰期,古楼兰城址和附近村落的碳十四年龄高峰期却出现在东汉至魏晋。简言之,古楼兰墓葬的主要碳十四年代早于居址群的碳十四年代,其原因需要进一步探讨。

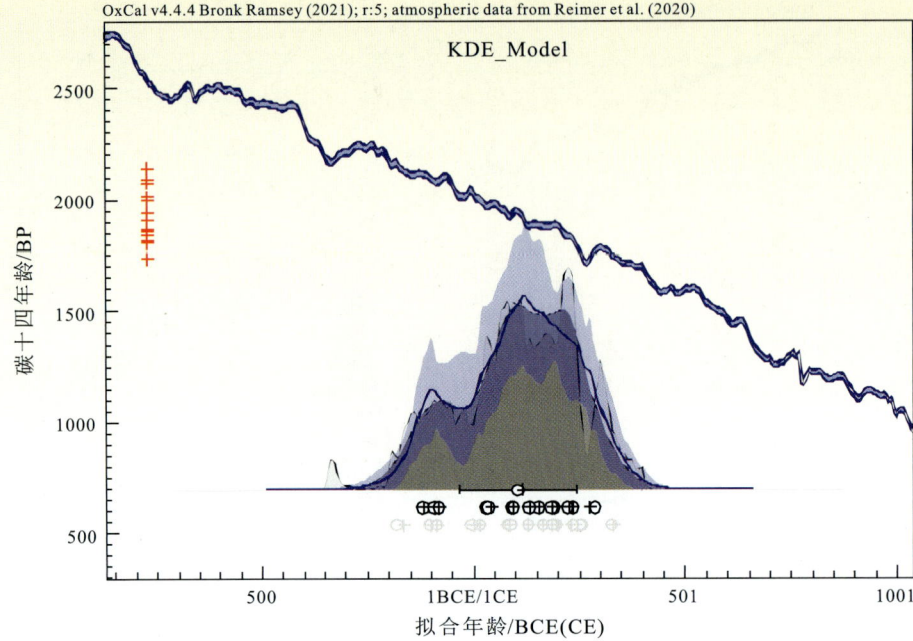

图 2.2.4　古楼兰墓葬碳十四年代数据的拟合校正结果

2.3　楼兰北部古水文重建

楼兰北部地区发育大面积雅丹地貌，曾是孔雀河入罗布泊的尾闾或河口部分。近现代地貌环境调查显示，在孔雀河断流前，该区域地表为浅水环境或是湿地景观（Hörner et al.，1935），干涸后地表固结成薄盐壳。本研究选取位于楼兰北部墓葬群区内的天然雅丹剖面（图 2.3.1）作为古水文重建材料（编号 BHM2）。

该研究剖面深 4m，采样深度 3.8m，岩性由土黄色黏土质粉砂层和暗灰色粗粉砂—细砂层互层构成（图 2.3.2）。采样深度在 340cm 以上，按 1cm 间距采样；采样深度 340~380cm，按 2cm 间距采样。在采集沉积物环境样品（360 个）完成后，用不锈钢管和黑色塑料袋全程不透光采集 5 个光释光测年样品。

剖面光释光测年结果（表 2.3.1）显示，其堆积时间集中在 2.4~1.9ka，大致对应西汉时期。整个剖面沉积年龄较为接近（图 2.3.3），未表现出随深度变化的趋势，这种现象在罗布泊湖区沉积物中也有发现（Zhang et al.，2012）。一方面，测年结果指示该沉积剖面可能是快速沉积的结果；另一方面，也暗示在剖面沉积过程中，沉积物可能经历多次扰动导致不充分或反复曝光，指示沉积环境的不稳定。

第2章 汉晋时期的罗布泊环境与古楼兰兴衰

图 2.3.1 天然雅丹剖面位置
A. 雅丹地貌；B. 两套不同高度的雅丹

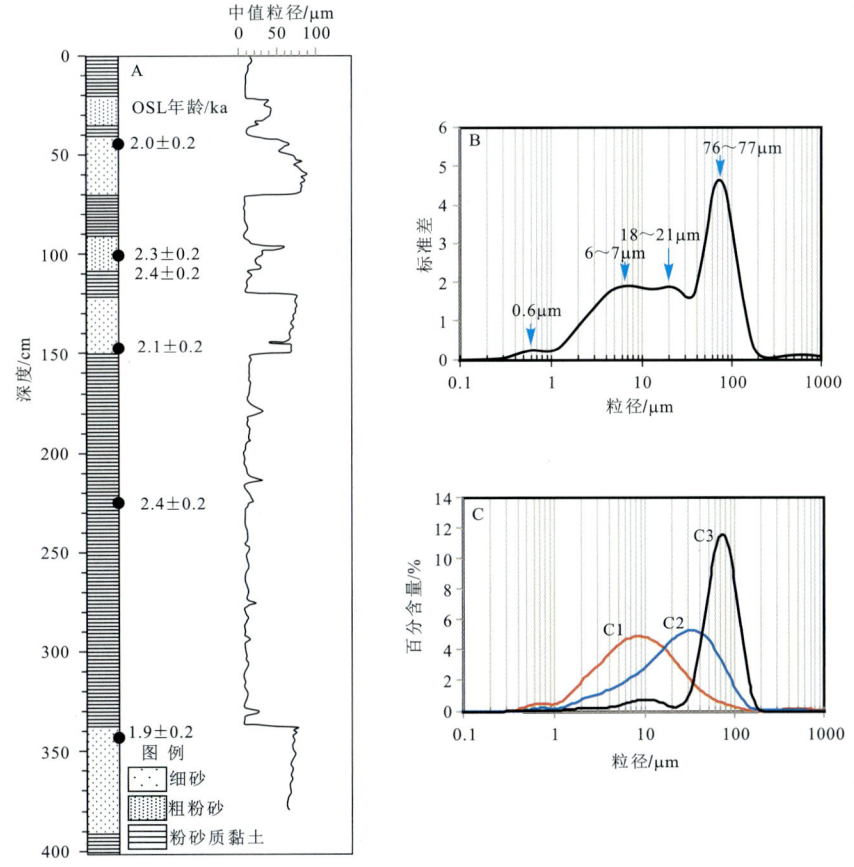

图 2.3.2 剖面岩性与沉积物粒度特征
A. 岩性柱与光释光测年点及中值粒径；B. 粒径标准差；C. 沉积序列中的3个特征粒径分布（C1～C3）

表 2.3.1 剖面光释光测年结果

样品编号	实验室编号	深度/cm	测试矿物	粒径/μm	$U/\times 10^{-6}$	$Th/\times 10^{-6}$	K/%	$Rb/\times 10^{-6}$	含水量/%	环境剂量率/$(Gy \cdot ka^{-1})$	等效剂量/Gy	OSL年龄/ka	参考文献
BHM2-1	L3511	42.5	石英	90~125	2.32±0.09	8.10±0.24	1.61±0.05	78.80±4.96	5.0±5.0	2.81±0.12	5.7±0.6	2.0±0.2	Li K K et al., 2021
BHM2-2	L3512	100	石英	45~63	2.17±0.09	9.19±0.27	1.70±0.06	92.10±5.53	7.0±5.0	2.81±0.12	6.7±0.5	2.3±0.2	Li K K et al., 2021
				63~90						2.79±0.12	7.0±0.4	2.4±0.2	Li K K et al., 2021
BHM2-3	L3513	147.5	石英	90~125	1.70±0.08	6.45±0.22	1.54±0.05	65.60±4.59	5.0±5.0	2.46±0.11	5.3±0.6	2.1±0.2	Li K K et al., 2021
BHM2-4	L3514	222.5	石英	4~11	2.96±0.11	11.2±0.31	2.07±0.06	107.00±5.89	10.0±5.0	3.83±0.21	9.5±0.7	2.4±0.2	Li K K et al., 2021
BHM2-5	L3515	342.5	石英	63~90	1.70±0.08	6.57±0.22	1.50±0.05	61.90±4.46	7.0±5.0	2.29±0.10	4.6±0.5	1.9±0.2	Li K K et al., 2021

第2章 汉晋时期的罗布泊环境与古楼兰兴衰

剖面沉积物的中值粒径变化幅度较大，以<10μm和>60μm为主(图2.3.2A)，粒径分布包括约0.6μm、6μm、20μm和80μm等多个优势组分(图2.3.2B)。结合前人建立的沉积环境粒度判断模型(殷志强等，2008，2009；Xiao et al., 2013)，可以将剖面沉积物粒径分布划分为3种主要类型(图2.3.2C)和1种过渡类型(图2.3.4)。粒径以约0.6μm和10μm为优势组分的沉积物代表湖心沉积环境(图2.3.4)，以约20μm为优势组分的样品指示湖滨或漫滩沉积环境(图2.3.4)，以约6μm和80μm组分双峰分布的样品

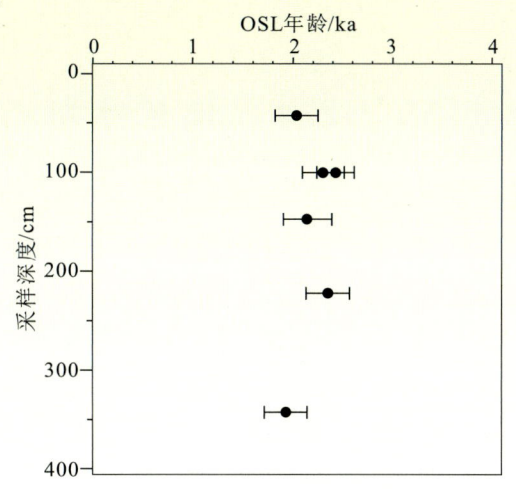

图2.3.3 剖面光释光年龄-采样深度示意图

应为湖心-湖滨过渡环境下沉积形成的(图2.3.4)。另外，以80~100μm为主要优势组分且存在约10μm和0.6μm细组分峰的样品，则形成于湖滨或河流环境下(图2.3.4)，其中细组分的多少反映水动力强弱变化。因此，BHM2剖面整体表现出湖心(相对稳定水体)、湖心-湖滨过渡相或河漫滩相、湖滨(河流)相的交替特点。

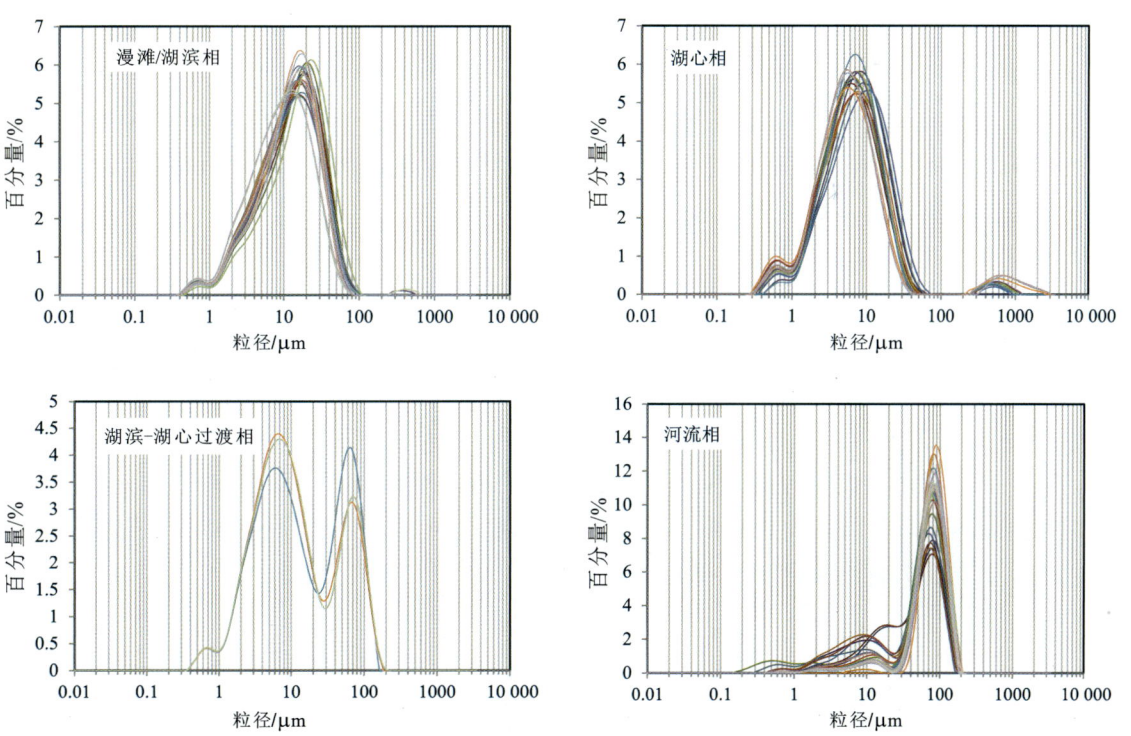

图2.3.4 研究剖面中不同沉积物的粒径分布曲线

2.4 楼兰时期人与环境相互作用

学界一直没有停止关于古楼兰兴衰原因的探讨,多位学者从环境变迁的角度寻找潜在影响因素并提出多种假说,如气候变干说(Huntington,1907c;周廷儒,1978;舒强等,2007;Liu et al.,2016)、滑坡说(何宇华等,2003)、河流改道说(侯灿,1984;袁国映等,1998)、湖泊游移说(Hedin,1905)、冰川萎缩说(Stein,1928;王守春,2002;李晓英等,2008;Wang et al.,2010)、丝路变迁说(黄文房,1995;马春梅等,2008)、流域尺度过度用水说(Mischke et al.,2017)以及上游山地降水或冰雪融水减少说(Cai et al.,2017;Xu et al.,2017;Li et al.,2019)等。由此可以看出,水资源变化情况始终是环境假说的核心论点。

古楼兰兴衰问题是讨论人与水相互作用的理想载体。有学者曾提出汉晋时期塔里木河下游—孔雀河流域的人类活动强度大幅增加,已经影响到流域生态环境系统的自然演化(Tarasov et al.,2019)。罗布泊的湖相沉积记录显示,距今约2.4~1.8ka期间区域气候湿润,有利于楼兰的兴盛,之后气候变干导致楼兰的衰亡(Liu et al.,2016)。但是,大范围湖泊气候环境记录集成和对比研究结果却未显示出大尺度空间上的湖泊退缩,历史时期罗布泊湖面减少与楼兰衰亡可能是上游人类活动过度用水引起的灾难性事件(Mischke et al.,2017)。天山地区晚全新世石笋的氧同位素(δ^{18}O)记录表明,在距今约1.5ka的降水减少可能引起楼兰衰落(Cai et al.,2017),不过其重建的气候环境记录也显示在文化期内曾存在多次幅度相当的降水波动,并未有人类活动的响应。楼兰古城碳十四年代与气候记录的对比研究显示,楼兰古城的最终废弃与上游山地降水或冰雪融水的减少有关(Xu et al.,2017),这是聚焦单个重要遗址的案例研究。

直至今日,古楼兰兴衰与环境关系问题的焦点仍在于文化期内的水环境背景不清晰,这与古气候重建的时空分辨率直接相关。Yang等(2004)根据对我国西部多种气候记录集成的结果认为楼兰兴盛期间为暖湿环境格局。Xu等(2017)认为楼兰古城大规模建设与发展时期对应的是上游山地降水或冰雪融水较多的时期。也有学者认为罗布泊地区生态条件本身就很差,即使是人类活动繁盛的楼兰时期也不能支撑大型乔木的生长(袁国映等,1997),但是楼兰遗址群内的大量木材说明当时存在较大面积的林地(Li et al.,2019),进一步指示当时楼兰地区水环境是相对较好的。因此,需要加强遗址附近的古环境重建工作,这能够最直接地反映当时人群的生存环境特征。

第2章 汉晋时期的罗布泊环境与古楼兰兴衰

2.4.1 人与水的互动

在楼兰早期(西汉),罗布泊西岸地区可能存在较多的洪水现象。在楼兰遗址出土的木简中,有"水大波深必泛"的记录(侯灿等,2022),表明洪水是当时居民要考虑的一个极端水文现象。楼兰北部大雅丹群区为古塔里木河与孔雀河注入罗布泊的河口位置,地势相对低洼,易形成积水区。野外考察发现,楼兰大雅丹群中小雅丹(高约4m)地层的沉积序列均较相似,表明BHM2剖面指示的水文环境状态并非某个河道的环境而是可以代表整个楼兰北部地区。在地势相对较高的楼兰古城台地区也有洪水发生,如埋藏古河道地貌(图2.4.1),炭屑层的碳十四年龄[校正后中值年龄为(82±49)BCE]显示洪水发生在西汉(表2.4.1和图2.4.2)。

图 2.4.1　楼兰古城附近古洪水地貌
A.埋藏古河道;B.透镜状炭屑层;C.炭块显微照片

表 2.4.1　埋藏古河道中植物的碳十四年代数据

序号	实验室编号	碳十四年龄/BP	测年材料	位置	参考文献	校正年龄(2σ)
1	Beta-470203	2070±30	炭块	埋藏古河道	Li K K et al.,2021	168BCE~8CE(95.4%)

这种古洪水或水文条件剧烈波动的地质记录,在尼雅遗址、瓦石峡遗址和轮台地区等也有发现(王守春,2000;Lü et al.,2020)。塔里木河流域水源区的古气候重建结果显示,古楼兰时期昆仑山区(Yao et al.,1996a,1996b)、帕米尔山区(Mischke et al.,2010;Aichner et

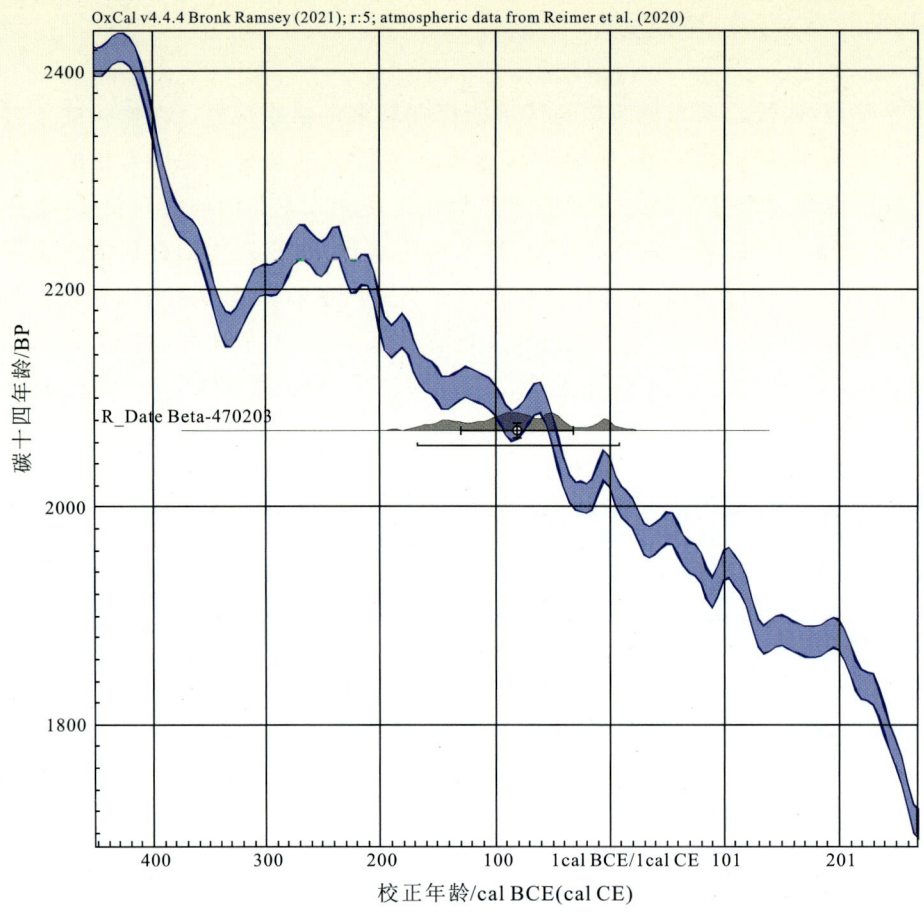

图 2.4.2　埋藏古河道中炭屑碳十四年代数据的校正结果

al.,2015)和天山地区(Huang et al.,2015;Lauterbach et al.,2014;Schwarz et al.,2017)的降水量或冰雪融水量相对较高,盆地内部的河流径流量也出现增加现象(周兴佳等,1996;王守春,1998;Yang et al.,2002)。因此,在西汉至东汉早期,楼兰地区的水文条件较好,且存在极端水文(洪水)事件。

古楼兰墓葬多修建在大雅丹的顶部(图 2.4.3),体现当时人群对生存环境的开发利用。楼兰北部大雅丹地貌为地质历史时期(中晚更新世)的产物(Li et al.,2024b),小雅丹地层为晚全新世沉积(Qin et al.,2012;Li K K et al.,2021),表明当时为湖水或湿地环绕的雅丹景观。由于楼兰早期洪水频发,为避免洪水对墓葬的破坏,古人选择将墓葬建在相对较高的地方,于是雅丹顶部的墓葬得以保存下来。值得注意的是,碳十四测年结果揭示的楼兰地区古城镇的主要发展时间大都处于洪水期之后(Xu et al.,2017;Li et al.,2019)。一方面,洪水对楼兰早期建筑具有较强的破坏作用;另一方面,洪水带来大量的沉积物,可形成适宜人类活动的环境条件,促进了楼兰地区农业和城市发展。

第2章 汉晋时期的罗布泊环境与古楼兰兴衰

图 2.4.3　高大雅丹顶部的古楼兰墓葬

2.4.2　人与植被的互动

现今罗布泊地区几乎无植被覆盖,仅在楼兰古城北部低洼区可见少量耐干旱植被。古楼兰的文书中曾记载"乱砍树木者,罚母牛一头"(夏训诚等,2007),这清晰揭示了当时楼兰地区存在森林景观。该文书被认为可能是世界上最早的森林保护法。然而,以上说法仅限于文字记录,需要获得独立的地质与考古证据来印证,以便更好地说明楼兰时期的生态景观。

传统古生态研究主要是以沉积记录为载体,建立花粉等生物指标的变化序列,重建不同时期植被类型组合与生态景观的纵向差异(贾红娟等,2011;Liu et al.,2016;Jia et al.,2017)。罗布泊地区(遗址附近)缺少连续的沉积序列,罗布泊湖区的花粉组合也不得不考虑远源的问题,小空间范围的生态环境重建难度较大。从古楼兰遗址内部寻找植物遗存,可弥补以上短板,比如楼兰古耕地与动物粪便的研究工作显示遗址附近当时为湿地环境,存在多种草本与灌木植物(Qin et al.,2012;Zhang et al.,2013)。

古楼兰遗址群中使用的大量粗大胡杨木材直接说明汉晋时期该地区生长大量胡杨林,具有丰富的森林资源。胡杨是塔里木盆地唯一的成林树种,主要沿地表河流生长。塔里木河沿岸胡杨林是盆地植被非常重要的组成部分,对遏制沙化、维护区域生态平衡和保障绿洲农牧业生产及生态环境可持续性发展起着重要作用。罗布泊西岸地区为典型的入湖三角洲区,河网广布,这些古河道均由古塔里木河分散而来。因此,古楼兰时期罗布泊西岸的植被生态以沿岸胡杨林为代表,还包括柽柳灌丛和芦苇草甸等景观。

古楼兰是古代丝绸之路的重要交通枢纽,其兴衰影响到旧大陆东西方物质文化交流,因此究其兴衰原因可为当代绿色丝绸之路的建设提供历史借鉴。通过对楼兰时期遗址建筑用材的系统调查与研究,确认古楼兰繁荣时期的生态环境背景为以胡杨林带、柽柳灌丛和芦苇草甸等为代表的绿洲生态。不过多种植被的定年结果显示,楼兰遗址中几乎未有500CE之后的胡杨数据,导致这种现象的原因可能包括:一方面,环境恶化、地下水位下降,相关条件不足以支撑胡杨树生长;另一方面,人类活动减少,未有人类大规模修筑建筑活动。

从古气候重建上来看,在楼兰晚期(约500CE)出现山区降水量或冰雪融水量明显减少(Yao et al., 1996a; Lauterbach et al., 2014; Aichner et al., 2015; Wolff et al., 2016),引起罗布泊地区地表径流较少,即可利用的水量大幅减少。塔里木盆地内其他古绿洲的沉积记录,同样显示出500CE左右出现生态环境恶化(钟巍等,1999; Zhong et al., 2007)。博斯腾湖的沉积记录显示,约280~480CE期间的湖泊水位较低、盐度高(Fontana et al., 2019),这可能导致沿孔雀河输至楼兰地区的水量不断减少,尤其是400CE前后湖泊水动力强度存在剧烈减弱现象(Xie et al., 2021),以上因素可能引起流域尾闾的楼兰地区发生生态退化。从历史记录来看,在楼兰古城出土的木简、纸文书和古代文献也同样记载楼兰晚期出现水资源匮乏、生态环境恶化和地表雅丹化的现象(夏训诚等,2007)。因此,气候条件的变化可能是罗布泊西岸楼兰遗址中未有500CE之后的胡杨数据的主要原因。

综上所述,区域气候变化影响下的山地降水量减少或冰雪融水量减少,导致流域尾闾罗布泊地区地表径流减少、绿洲植被退化(由茂密的河岸林景观变为雅丹地貌),与古楼兰的衰落存在直接联系。在充分考虑气候环境变化因素的同时,不合理的人类活动(过度开垦、用水等)可能也起到一定的加剧作用,但需要精细的古气候、古生态记录和考古数据支持。

第3章 唐宋时期的罗布泊环境与人类活动

3.1 遗 址

3.1.1 米兰遗址

考古发掘结果显示,米兰遗址(图 3.1.1)内保存了大量植物遗存,主要包括 8 种栽培植物(黍、粟、青稞、小麦、桃、稗子、小獐毛和苦豆子等)(赵美莹等,2021)。碳十四测年结果显示(表 3.1.1),这批植物遗存属于唐代遗物(Sheng et al., 2023),年龄主要分布在约 720~910CE(2σ 范围)(图 3.1.2)。

图 3.1.1 米兰遗址

表 3.1.1　米兰遗址的碳十四测年数据

序号	实验室编号	碳十四年龄/BP	测年材料	参考文献	拟合年龄(2σ)
1	Beta-523852	1220±30	粟种子	Sheng et al., 2023	706～738CE（6.0%） 770～885CE（89.5%）
2	Beta-523853	1200±30	粟种子	Sheng et al., 2023	712～722CE（1.3%） 771～890CE（94.1%）
3	Beta-523854	1210±30	粟种子	Sheng et al., 2023	709～725CE（2.6%） 771～887CE（92.9%）
4	Beta-604754	1250±30	人骨	Sheng et al., 2023	688～750CE（18.6%） 756～879CE（76.9%）

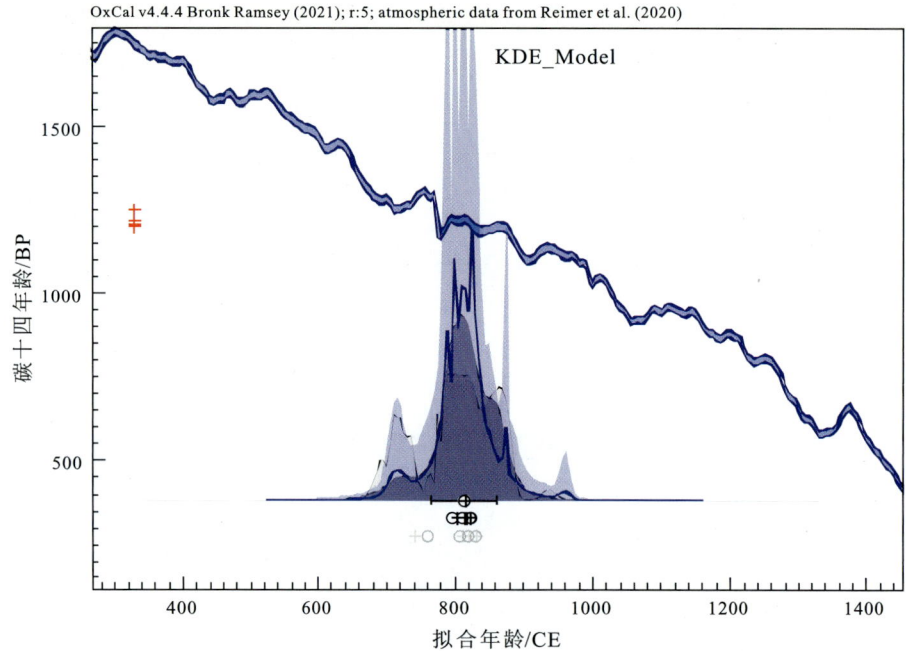

图 3.1.2　米兰遗址碳十四年代数据的拟合校正结果

3.1.2　瓦石峡遗址

瓦石峡遗址保存有大量冶炼遗迹（图 3.1.3），包括炉渣、坩埚等冶金遗物（袁晓红等，2012）。研究结果显示，冶炼遗址属于炼铁炉和炒铁炉联用的炉址，使用木炭炼铁可能与地理环境有关（袁晓红等，2012）。本遗址的碳十四测年材料为木炭和木材碎片（表 3.1.2），年龄主要分布在约 800～1340CE（2σ 范围）（图 3.1.4）。

第3章 唐宋时期的罗布泊环境与人类活动

图 3.1.3 瓦石峡遗址的冶炼遗迹

A. 炉渣;B. 红烧砖

表 3.1.2 瓦石峡遗址的碳十四测年数据

序号	实验室编号	碳十四年龄/BP	测年材料	参考文献	拟合年龄(2σ)
1	WB83-26	1060±65	木材碎片(F10)	新疆文物考古研究所,1995	836~848CE (0.8%) 874~1162CE (94.7%)
2	WB83-27	1150±105	木材碎片(F2H203(3))	新疆文物考古研究所,1995	704~742CE (2.2%) 764~1164CE (93.2%)
3	BA07124	880±40	木炭	袁晓红等,2012	1038~1227CE (95.4%)
4	BA07125	880±45	木炭	袁晓红等,2012	1035~1232CE (95.4%)

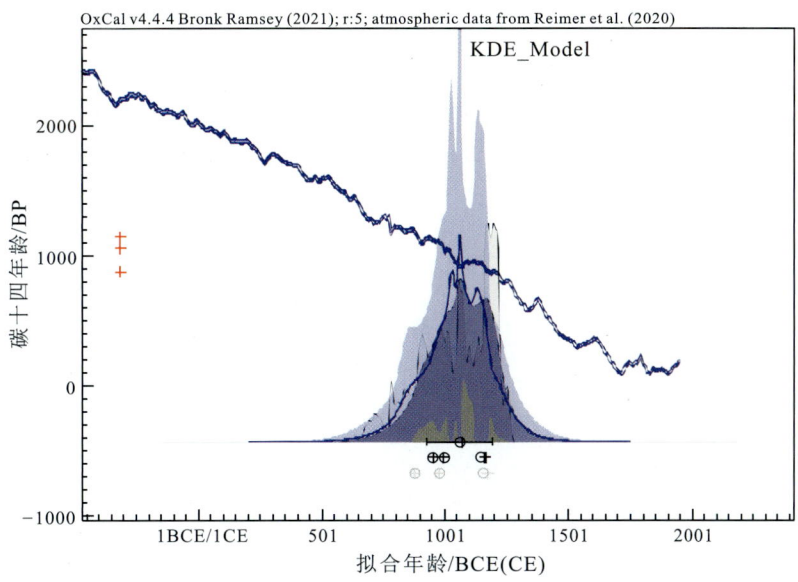

图 3.1.4 瓦石峡遗址碳十四年代数据的拟合校正结果

3.1.3 克亚克都克烽燧遗址

克亚克都克烽燧遗址位于尉犁县东南约90km处,是孔雀河烽燧群中的一座(新疆文物考古研究所,2021a)。周围生长较多柽柳沙包,还有一些耐盐碱的植被。克亚克库都克烽燧修筑于一处大型柽柳沙堆上(图3.1.5),是由烽燧本体、居住房屋等建筑构成的一处军事设施遗址。考古学年代显示,烽燧修筑于唐代,出土了较多带有唐代年号的木简和纸文书(新疆维吾尔自治区文物考古研究所,2021)。该遗址的碳十四测年材料为烽燧中的芦苇遗存(表3.1.3),校正后中值年龄分别为(683±42)CE 和(732±50)CE(图3.1.6)。

图 3.1.5　克亚克都克烽燧遗址野外照片(引自新疆维吾尔自治区文物考古研究所,2021)

表 3.1.3　克亚克都克烽燧遗址的碳十四测年数据

序号	实验室编号	碳十四年龄/BP	测年材料	参考文献	校正年龄(2σ)
1	BA171974	1330±25	芦苇	农旷远等,2022	650～705CE (59.5%) 738～774CE (35.9%)
2	BA171975	1255±25	芦苇	农旷远等,2022	672～778CE (73.0%) 786～830CE (19.4%) 854～872CE (3.1%)

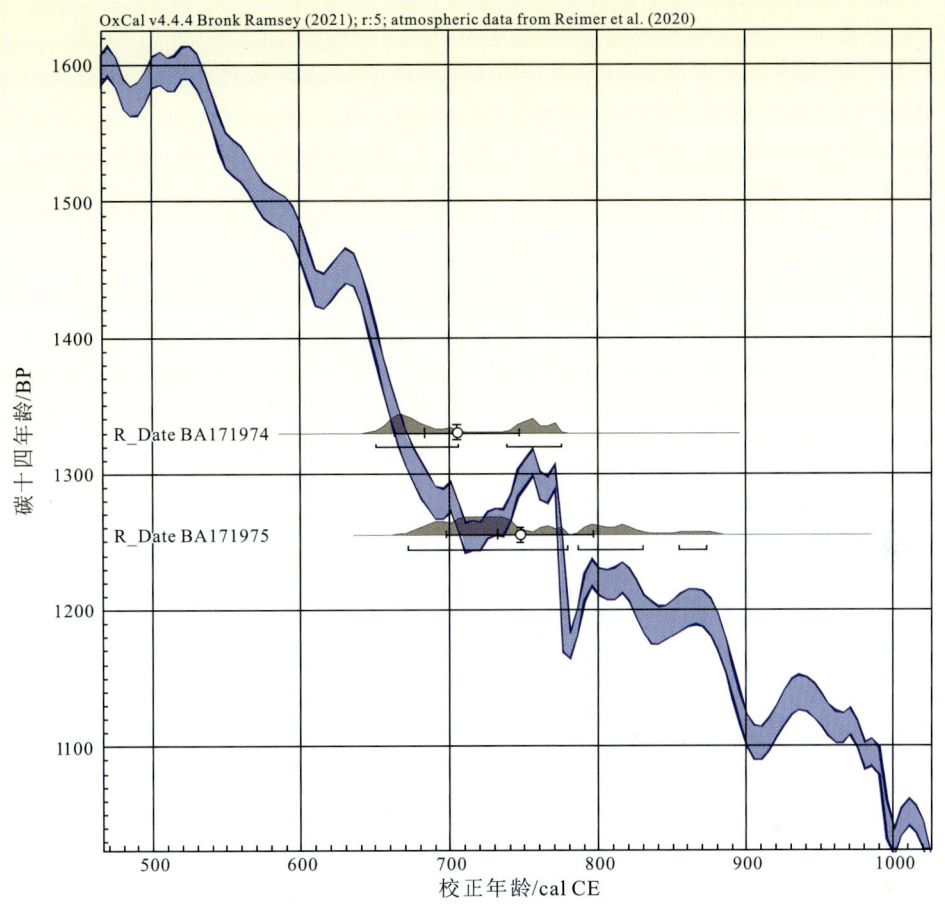

图 3.1.6　克亚克都克烽燧遗址碳十四年代数据的校正结果

3.2　人与环境的互动

此时段罗布泊地区的环境条件空间差异较大。一方面,罗布泊的古环境重建结果显示唐宋时期罗布泊环境相对适宜(马春梅等,2008)。另一方面,虽然在白龙堆和阿奇克谷地曾采集到大量"开元通宝"钱币(夏训诚等,2007),表明此时段的交通线是可通行的;但是在广大的罗布泊西岸中心地区并未发现该时期遗址,3.1 节所描述的 3 个遗址均分布在罗布泊西岸的边缘地带或是相对偏上游的区域。对于塔里木河下游地区而言,罗布泊西岸的三角洲区环境可能是不宜居的,三角洲边缘的环境是适宜通行的,造成这种大尺度空间差异的原因可能是河流水系的空间分布。因此,这里主要以具有绝对年代的考古遗址为基础,重点探讨小空间范围(遗址附近)的环境条件。

米兰遗址附近水资源的可利用性相对较高。考古发现,此时期米兰遗址内有大量谷物(赵美莹等,2021),指示当时存在成规模的种植行为。米兰地区降水量稀少,植物生长主要靠发源于阿尔金山的米兰河补给水资源,暗示当时应存在较多灌溉行为。借助灌渠系统,从米兰河引水入农田,表明可利用的水资源量相对充足。

瓦石峡遗址附近可能存在较多林木资源。现代遗址附近生长了较多柽柳灌木,靠近河流位置生长大型乔木。在瓦石峡遗址范围内,地表可见大面积冶炼遗迹,不仅体现了当时瓦石峡地区人群的高强度活动,而且表明需要大量的燃料作为支撑。研究发现,瓦石峡遗址主要使用木炭炼铁(袁晓红等,2012),指示当时获取木材原料应相对便利。一方面,这些木材原料若是取自本地,说明遗址及其辐射区内植被生态较好;另一方面,这些木材若是被运输至此,指示当时瓦石峡地区交通的连通性较高,也进一步指示区域环境是适宜通行的。

孔雀河烽燧群主要沿孔雀河河道区域分布,周边水环境与植被资源相对较好。克亚克都克烽燧遗址中保存了大量鱼骨(其中部分鱼骨尺寸较大)和织补渔网的工具(胡兴军,2023),表明地表可利用的水资源与水产品相对丰富,也指示可能存在水上交通(李艳玲,2024)。烽燧中的木炭分析结果显示,薪材主要包括4种植物,按占比高低依次为柽柳属、杨属、柳属和驼绒藜属(农旷远等,2022)。鱼骨、木炭样品组合反映出当时的生态结构(多样性),属于典型河岸林环境,与现今塔里木河—孔雀河下游的生态景观相似。

第 4 章　元明时期的罗布泊环境与人类活动

4.1　遗　　址

4.1.1　14-居址-1 遗址

14-居址-1 遗址位于宽 31～48m、长约 158m 的台地上(图 4.1.1A)，台地高出周边 3～5m，呈北东-南西走向。台地上散落有陶片和炉渣，残留柽柳墙为北西-南东走向(图 4.1.1B)。柽柳寨墙内有一长方形深坑，深度为 1～1.5m，周边发现有房屋木柱础(图 4.1.1C)。该遗址的碳十四测年材料为篱笆墙的柽柳细枝(表 4.1.1)，校正后中值年龄为(1436±15)CE(图 4.1.2)。

图 4.1.1　14-居址-1 遗址

A.遥感影像图；B.柽柳墙；C.木柱础

表 4.1.1　14-居址-1 遗址的碳十四测年数据

序号	实验室编号	碳十四年龄/BP	测年材料	参考文献	校正年龄(2σ)
1	CN268	470±30	柽柳细枝	Li et al., 2018	1407~1460CE (95.4%)

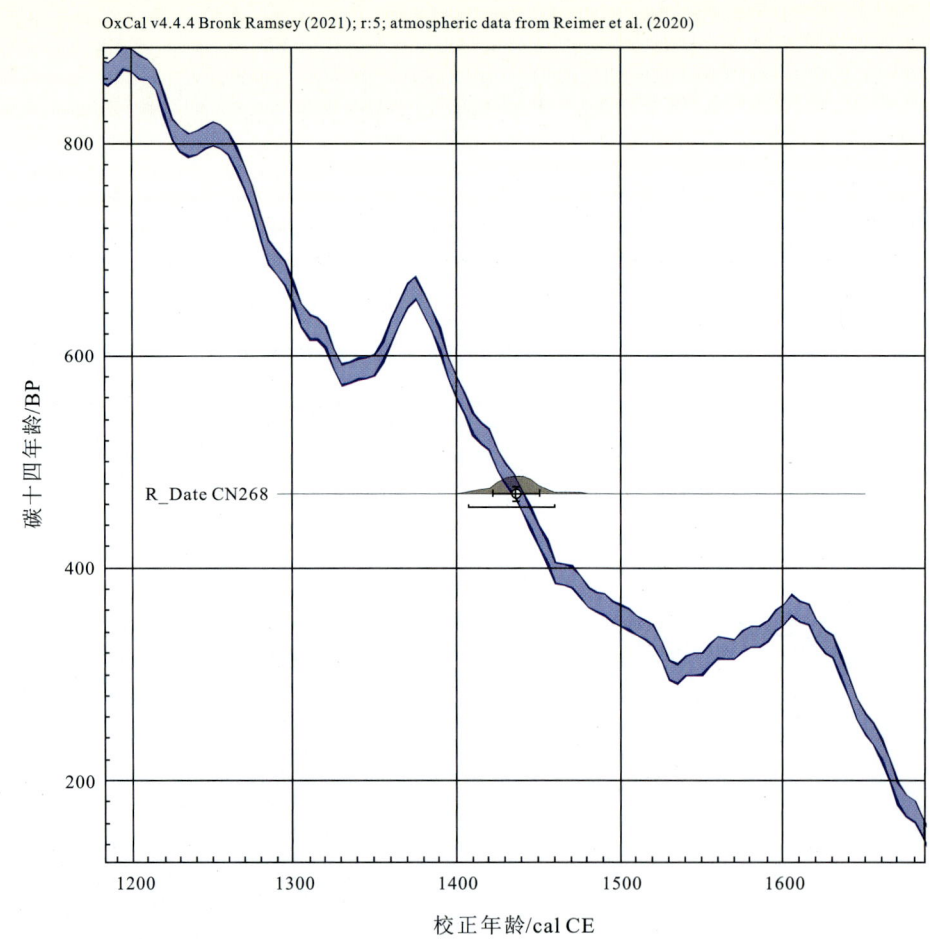

图 4.1.2　14-居址-1 遗址碳十四年代数据的校正结果

4.1.2 古水渠遗址

该古水渠连通北二河和北三河(秦小光等,2023),自西北向东南调水。在渠道附近地表散落有动物骨头残片、陶片、炉渣和石器等人类活动遗迹(图4.1.3)。北渠首位置水渠深度为1.5m左右(图4.1.3B),水渠具有良好的圆弧形边坡,边坡土层厚度由水道中间向外增加(图4.1.3D)。渠道边坡中存在被后期堆土覆盖的芦苇层,也在渠道边坡中发现保存有红烧土角砾(图4.1.3C)。

古水渠的碳十四测年材料为人工边坡中的芦苇残体和炭屑(表4.1.2),校正后中值年龄分别为(1361±37)CE、(1346±29)CE 和(1471±59)CE(图4.1.4)。

图 4.1.3 古水渠遗址

A.遥感影像图(底图源自 Googel Earth);B.北三河引水口;C.红烧土角砾;D.人工边坡

表 4.1.2 古水渠遗址的碳十四测年数据

序号	实验室编号	碳十四年龄/BP	测年材料	参考文献	校正年龄(2σ)
1	CN267	560±35	人工边坡中芦苇残体	Li et al., 2018	1306~1364CE (49.8%) 1384~1431CE (45.7%)
2	CN286	585±20	人工边坡中芦苇残体	Li et al., 2018	1310~1362CE (70.9%) 1386~1408CE (24.6%)
3	CN288	420±40	人工边坡中炭屑	Li et al., 2018	1421~1524CE (77.4%) 1572~1630CE (18.1%)

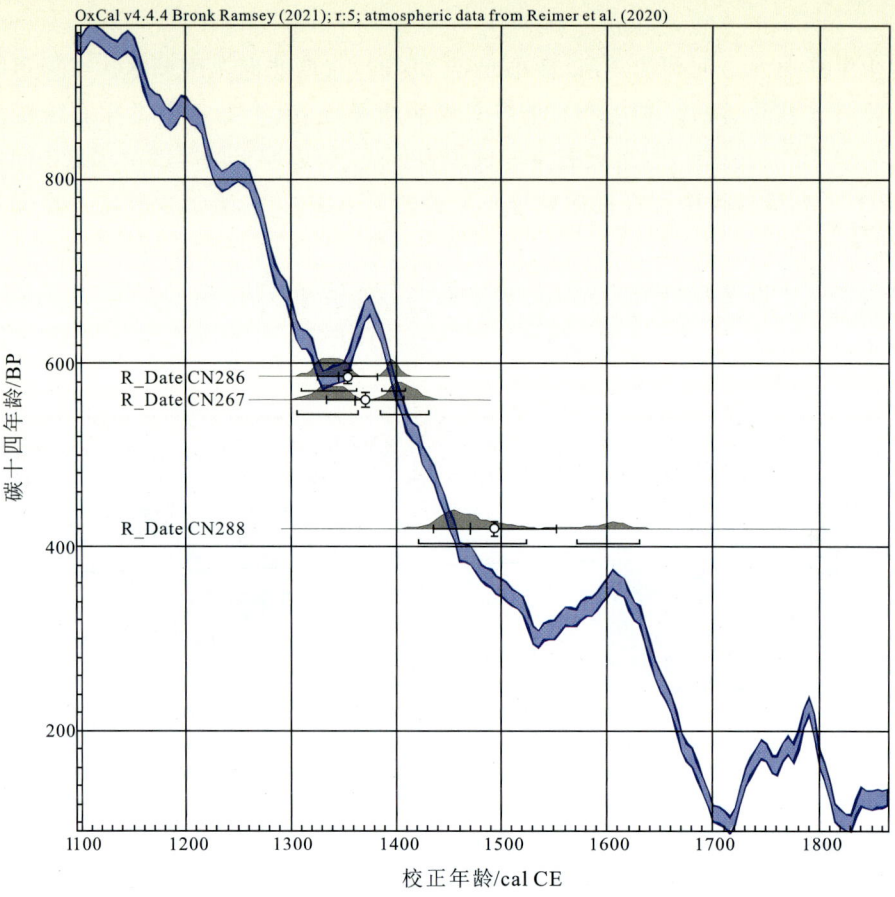

图 4.1.4 古水渠遗址碳十四年代数据的校正结果

4.2 生态环境

元明时期是罗布泊地区的一次丰水期,其生态环境以大面积河岸林为显著特点。罗布泊元明古林地包括大面积古河岸站立胡杨林、古河床中央倒卧胡杨漂木、古河岸柽柳灌丛、雅丹顶部(正地形)芦苇甸层等(图4.2.1)(Li et al.,2018,2024a),仿佛将过去的生态系统景观完整定格,让所见之人无不印象深刻。在全球范围内,原位古林地的相关报道罕见。例如,前人曾报道过冰岛南部中世纪桦树林,但林地仅树桩保存在原位,树干部分已被完全侵蚀(Büntgen et al.,2017)。相对而言,罗布泊元明古林地的保存状态是比较好的。

第4章 元明时期的罗布泊环境与人类活动

图 4.2.1　罗布泊元明时期古林地
A.古河道;B.严重风蚀的古河床与古植被;C.雅丹顶部芦苇甸层;D.依然站立的胡杨河岸林;E.大面积柽柳滩

4.2.1　古林地碳十四年代

早期研究结果显示,楼兰古城附近古林地的生长时间大约在 1260～1450CE(Li et al.,2018)。胡杨树皮样品的碳十四年龄代表胡杨树的最后生长时间(实际测年样品是在野外所能采集到的胡杨树干最外层木材),可以指示胡杨的大致死亡时间。如果是上游的胡杨树被洪水带到下游形成漂木,那么漂木的最后生长时间就大致指示洪水发生的时间(或死亡时间)。同一次洪水中的漂木大致同时死亡,因此死亡年龄相对集中,数据统计时会出现树木死亡年龄峰值;因区域水文环境变差而逐渐枯死的河道两岸胡杨树,由于个体的差异而先后死亡的,其表现为树木死亡年龄数据较分散。古河床胡杨树树皮样品的统计频数高峰期表示样品死亡时间较集中,对应样品是洪水带来的漂木。样品测年误差多数在 25a 左右,按 25a 间隔对古河道胡杨树树皮样品年龄分布进行频率统计,分布在一个间隔里的年龄数据可认为样品的最后生长时间大致相同。统计结果显示在约 1260～1450CE 期间,出现 3 次高峰期;约 1450～1550CE 的样品年龄较少,而且分布较分散(图 4.2.2)。

丰水期内(1260～1450CE)存在多次洪水期或洪水事件,具有脉冲式特点。测年结果的 3 次高峰期,表明丰水期间存在至少 3 次洪水期(C1、C2、C3),每个洪水期可能包含多次洪水事件,其中 C2 洪水期可能持续时间较长。南一河上、下游和南二河胡杨树的年龄差异,表明

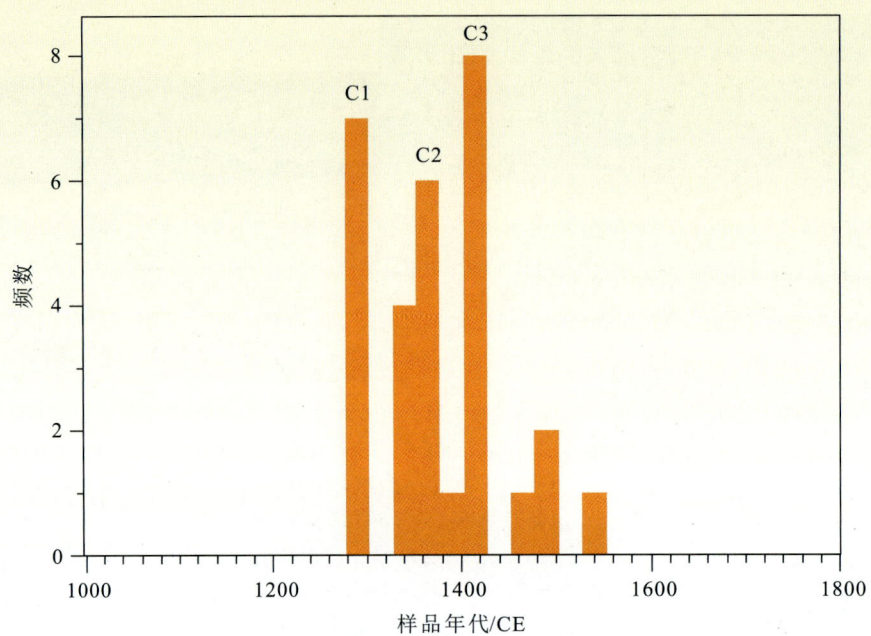

图 4.2.2　古河道胡杨样品和其他材料样品年代分布频数

约 1260～1450CE 期间存在多次不同强度的洪水事件。雅丹顶部的芦苇秆年龄与柽柳年龄均出现在洪水事件结束后,表明在洪水事件(期)的间隔时期出现了地下水位较低的干旱状态。

不过,流域中上游古河道植物残体的碳十四年代与树轮分析结果却显示,丰水期开始于距今约 830a 且一直持续到近代,即所谓的塔里木盆地长"湿润期"或长小冰期(Putnam et al.,2016)。若考虑罗布泊西岸树木生长时间与测年误差,流域范围内丰水期开始时间大致相同,但下游丰水期持续时长明显短于中上游。

之后,在扩大罗布泊地区样品空间覆盖度的前提下,笔者团队进一步测试了更多植物遗存的碳十四年龄,并将塔里木河流域古林地的碳十四年代汇编如下(图 4.2.2;附表 1.1)。测年样品包括胡杨、柽柳和芦苇残体,3 种生态位植物的碳十四年龄无明显分群,表明丰水期内植被组成无明显变化,进一步指示了丰水期内水文条件无明显区域差异(图 4.2.3)。综上碳十四年代测年结果,罗布泊中世纪古林地的绝对时间范围约为 1170～1500CE(Li et al.,2024a)。

4.2.1.1　塔里木河上游

该区域样品采样点位于喀什噶尔河、阿克苏河与和田河的交汇处(图 4.2.3A),即塔里木河上游顶端,测年材料为原位胡杨树桩残体和雅丹顶部的柽柳遗存(Putnam et al.,2016)。核密度拟合的碳十四年代数据显示($n=20$),年龄集中在约 1200～1550CE 和约 1650～1950CE 两个区间(图 4.2.4)。

第4章 元明时期的罗布泊环境与人类活动

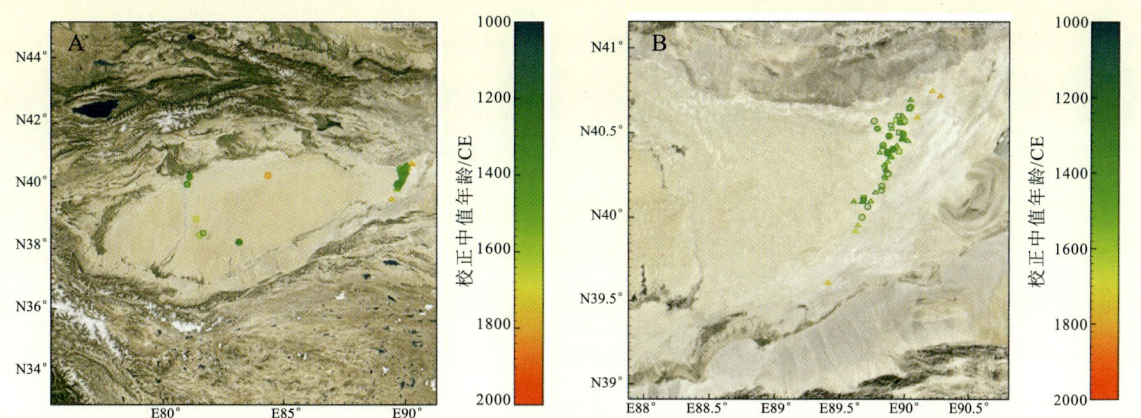

注:圆圈表示胡杨样品,方块表示柽柳样品,三角形表示芦苇样品。碳十四年龄数据和原文献信息见附表1.1。

图 4.2.3 塔里木河流域古植被碳十四年代数据的空间分布

A. 盆地范围内;B. 罗布泊西岸

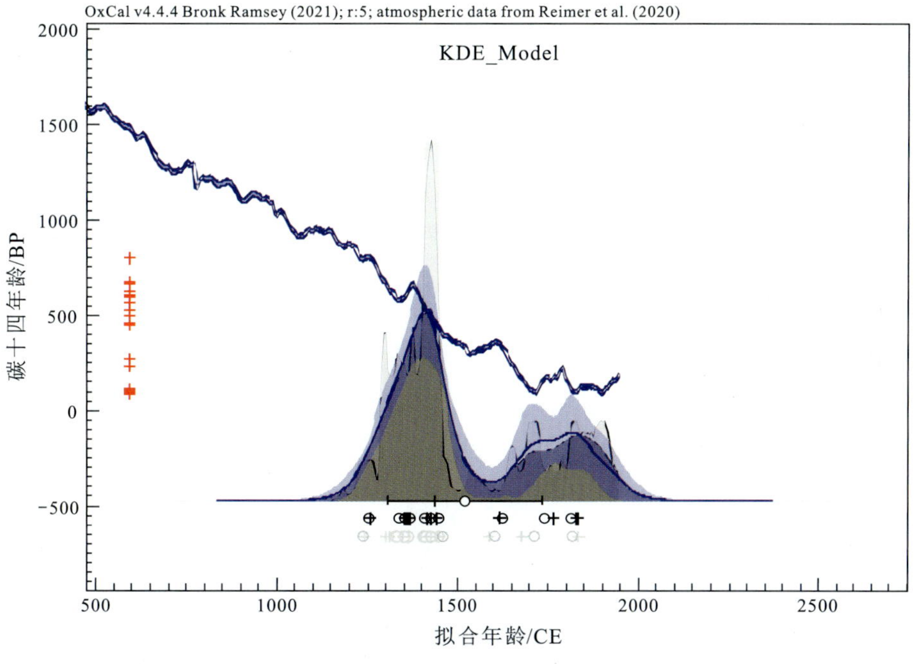

图 4.2.4 塔里木河上游植物遗存碳十四年代数据的拟合校正结果

注:碳十四年龄数据来自 Putnam 等(2016)。

克里雅河与尼雅河的植物遗存测年结果也放入此部分,以便于与塔里木河中下游区分。克里雅河样品数据来自 Zhang 等(2011),采样点位于河流尾端干河道区域,测年材料为胡杨和柽柳残体($n=3$),测年结果显示年龄集中在约 1150~1850CE(图 4.2.5)。尼雅河样品数据来自 Putnam 等(2016),采样点位于河流尾端干河道附近,碳十四测年材料为胡杨木和芦苇秆残体($n=12$),测年结果显示年龄集中在约 1100~1800CE(图 4.2.6)。

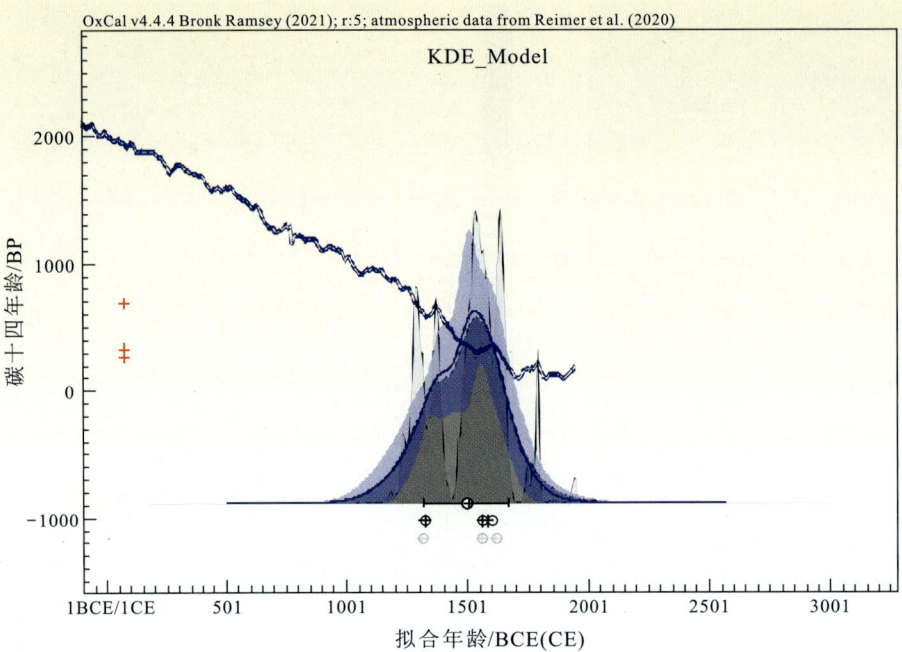

注：碳十四年龄数据来自 Zhang 等(2011)。

图 4.2.5　克里雅河植物遗存碳十四年代数据的拟合校正结果

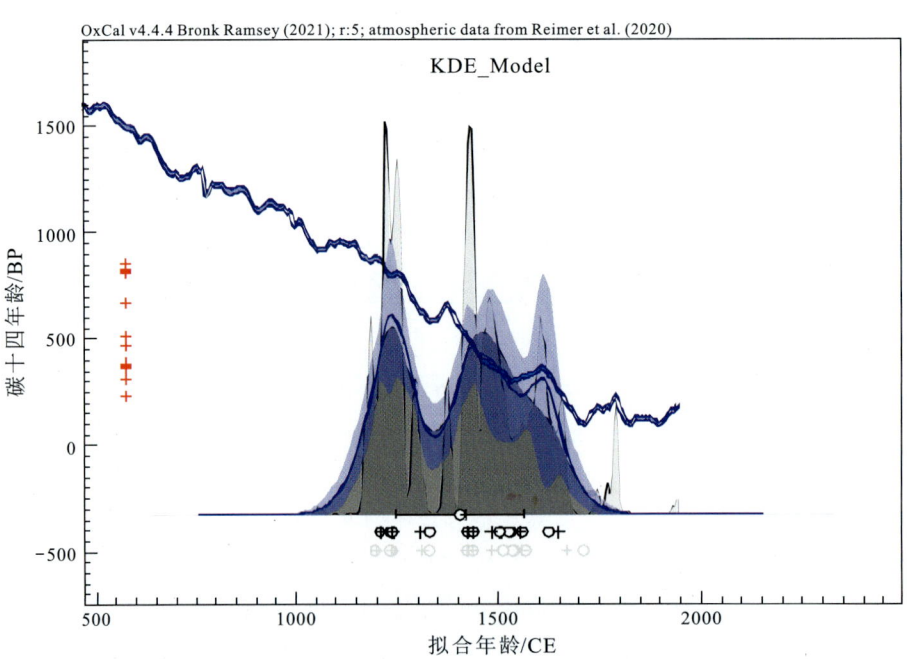

注：碳十四年龄数据来自 Putnam 等(2016)。

图 4.2.6　尼雅河植物遗存碳十四年代数据的拟合校正结果

4.2.1.2 塔里木河中游

该区域样品数据来自 Putnam 等(2016),采样点位于现今塔里木河河道南约 100km 处的干河道区域(图 4.2.7)。碳十四测年材料为胡杨残体($n=4$),测年结果显示年龄集中在约 1650~1750CE 和约 1800~1940CE 两个区间(图 4.2.8)。

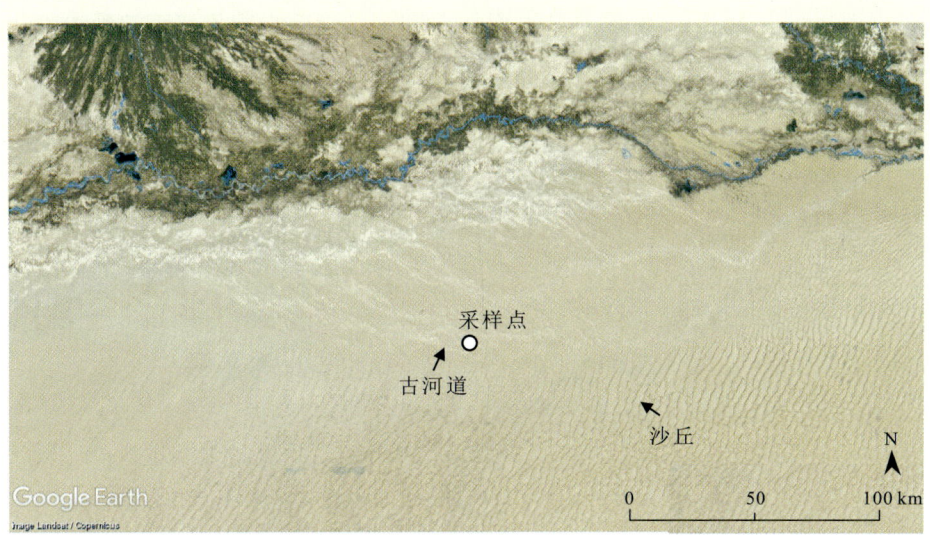

注:蓝线为现今河道;采样点信息来自 Putnam 等(2016)。

图 4.2.7　塔里木河中游河道分布(底图源自 Google Earth)

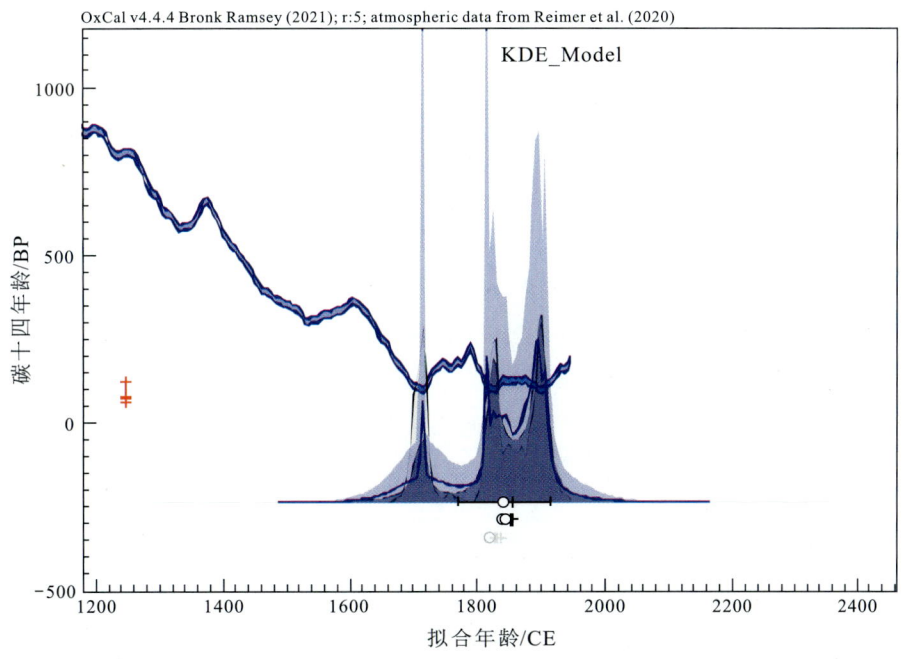

注:碳十四年龄数据来自 Putnam 等(2016)。

图 4.2.8　塔里木河中游植物遗存碳十四年代数据的拟合校正结果

4.2.1.3 塔里木河下游

该区域样品数据来自 Li 等(2018,2024a)和林永崇等(2020),采样点位于罗布泊西岸(从北部孔雀河尾闾至喀拉和顺)。碳十四测年材料为古河岸站立胡杨木、古河床中央倒卧胡杨漂木、古河岸柽柳灌丛、雅丹顶部芦苇遗存等($n=95$),测年结果显示年龄主要集中在约 1200~1500CE 和约 1650~1850CE 两个区间(图 4.2.9)。

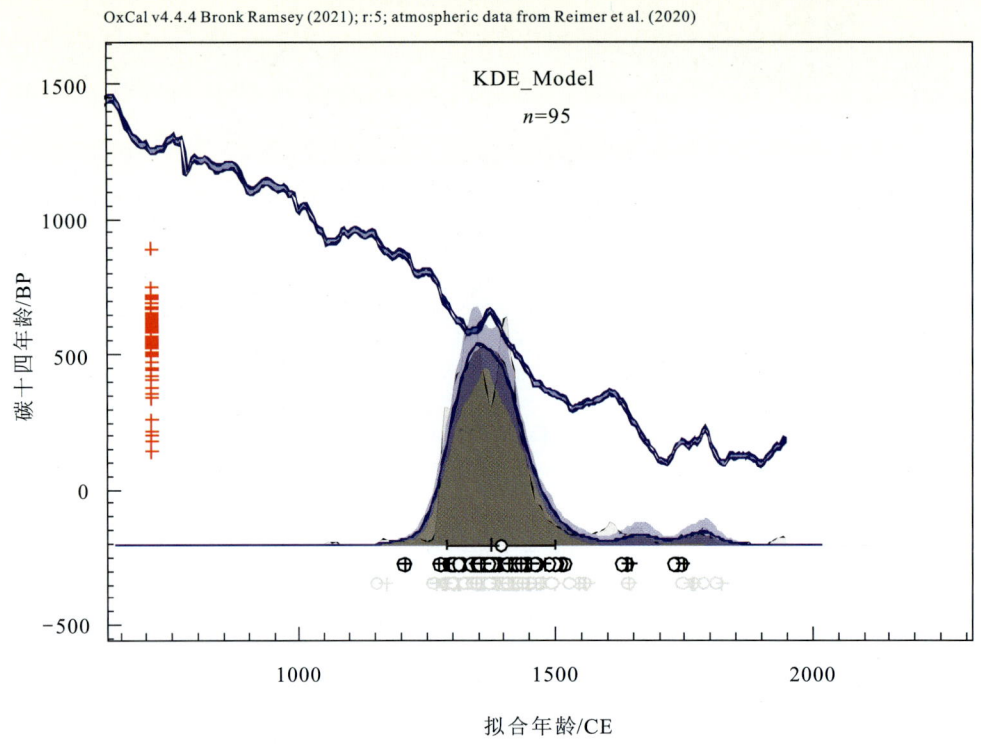

注:碳十四年代数据来自 Li 等(2018,2024b)和林永崇等(2020)。

图 4.2.9 罗布泊西岸植物遗存碳十四年代数据的拟合校正结果

在全流域尺度上,将所有古植被样品的碳十四测年数据汇总,结果显示年龄主要集中分布在约 1170~1500CE 和约 1650~1900CE 两个区间(图 4.2.10)。

第4章 元明时期的罗布泊环境与人类活动

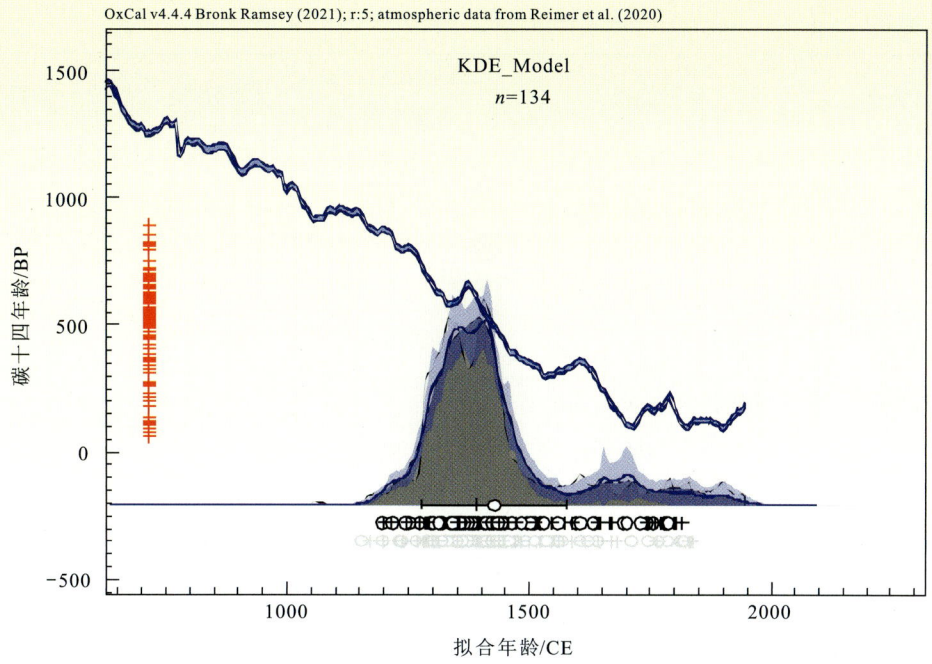

注：碳十四年代数据信息见附表1.1。

图4.2.10 塔里木盆地植物遗存碳十四年代数据的拟合校正结果

4.2.2 古林地树木年轮分析

4.2.2.1 样品采集

前文已介绍了罗布泊中世纪古林地的野外状态、植被组成、碳十四测年结果等，本小节将重点介绍相关树轮年代学工作。

树轮样品取自罗布泊西岸雅丹无人区，包括胡杨和柽柳两种干木材（表4.2.1和表4.2.2）。胡杨样品取自倒卧在古河床中央、倒卧在雅丹区的胡杨树干（图4.2.11），柽柳样品取自雅丹区和古河岸的柽柳沙包（图4.2.12）。野外采集时，选择树木胸径位置或避开树瘤位置，用手锯获得树盘样品。

表4.2.1 胡杨样品的年轮分析结果

实验室编号	木材类型	不同径向轮宽测量次数/次	年轮数/轮	来源
Q12840	胡杨（*Populus euphratica*）	4	26	Li et al., 2024a
Q12841	胡杨（*P. euphratica*）	3	53	Li et al., 2024a

续表 4.2.1

实验室编号	木材类型	不同径向轮宽测量次数/次	年轮数/轮	来源
Q12842	胡杨(P. euphratica)	4	31	Li et al., 2024a
Q12843	胡杨(P. euphratica)	4	47	Li et al., 2024a
Q12844	胡杨(P. euphratica)	3	25	Li et al., 2024a
Q12845	胡杨(P. euphratica)	4	26	Li et al., 2024a
Q12846	胡杨(P. euphratica)	4	49	Li et al., 2024a
Q12847	胡杨(P. euphratica)	3	47	Li et al., 2024a
Q12848	胡杨(P. euphratica)	4	31	Li et al., 2024a
Q12849	胡杨(P. euphratica)	4	43	Li et al., 2024a
TD-14C-10	胡杨(P. euphratica)	未报道	42	Putnam et al., 2016
TD-14C-7	胡杨(P. euphratica)	未报道	67	Putnam et al., 2016
TD-14C-12	胡杨(P. euphratica)	未报道	35	Putnam et al., 2016
TD-14C-438-1	胡杨(P. euphratica)	未报道	78	Putnam et al., 2016
TD-14C-438-2	胡杨(P. euphratica)	未报道	59	Putnam et al., 2016

表 4.2.2 柽柳样品的年轮分析结果

实验室编号	木材类型	不同径向轮宽测量次数/次	年轮数/轮	来源
Q12850	柽柳(Tamarix)	4	57	Li et al., 2024a
Q12851	柽柳(Tamarix)	3	N/A	Li et al., 2024a
Q12852	柽柳(Tamarix)	4	60	Li et al., 2024a
Q12853	柽柳(Tamarix)	2	61	Li et al., 2024a
Q12854	柽柳(Tamarix)	3	45	Li et al., 2024a
Q12855	柽柳(Tamarix)	3	67	Li et al., 2024a
Q12856	柽柳(Tamarix)	N/A	N/A	Li et al., 2024a
Q12857	柽柳(Tamarix)	N/A	N/A	Li et al., 2024a
Q12858	柽柳(Tamarix)	3	85	Li et al., 2024a
Q12859	柽柳(Tamarix)	2	144+143?	Li et al., 2024a
Q12860	柽柳(Tamarix)	N/A	N/A	Li et al., 2024a
TD-10-01	柽柳(Tamarix)	未报道	146	Putnam et al., 2016

注:N/A 代表样品年轮极其窄,无法测量;? 代表有一定误差。

第4章 元明时期的罗布泊环境与人类活动

图 4.2.11　野外采集胡杨树盘样品

A~C.雅丹区倒卧的胡杨树干；D.干河道中央倒卧的胡杨树干

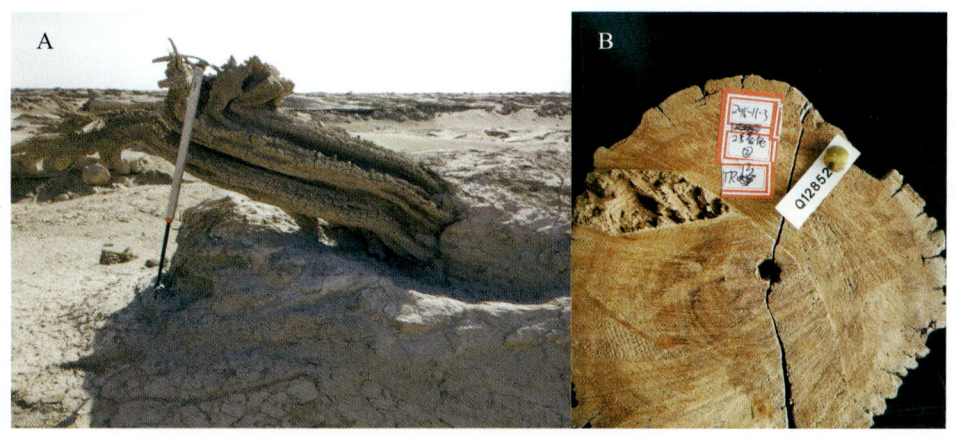

图 4.2.12　野外采集柽柳树轮样品

A.雅丹顶部柽柳；B.柽柳树盘

4.2.2.2　树盘横切面描述

胡杨样品均具有完整髓心，树皮完全丢失。心材与边材未有明显区别。在年轮边界两侧，导管的大小变化很明显，由密集早材木质细胞构成的较窄条带清晰地标志了年轮的边界（图4.2.13A）。同一样品的不同径向生长轮宽序列重复度较高。

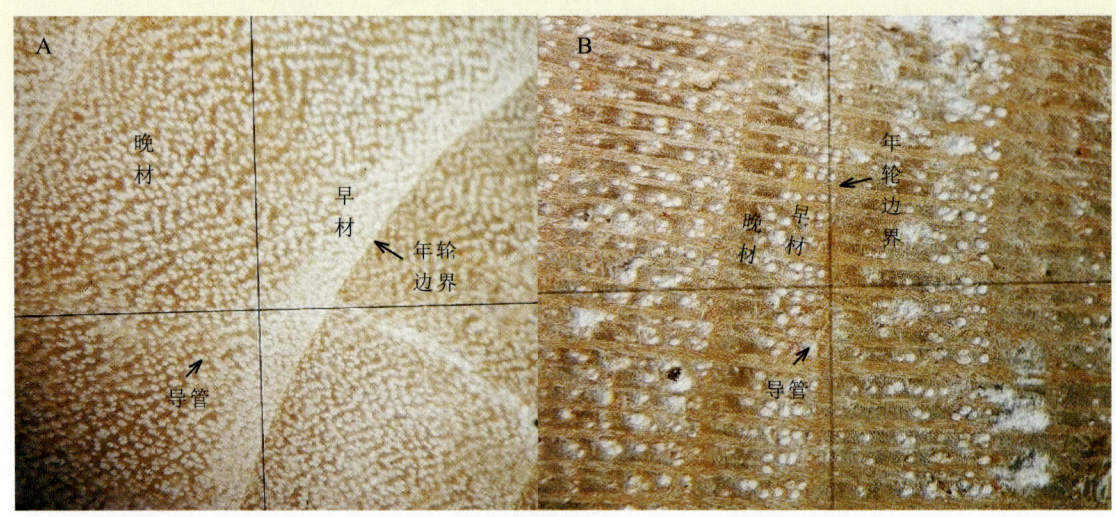

图 4.2.13　木材样品横切面显微照片
A. 胡杨；B. 柽柳

柽柳样品部分具有完整髓心，部分树皮依然存在，心材与边材未有明显区别。早材导管尺寸通常显著大于晚材导管尺寸，由早材大导管构成的条带标志了年轮的边界（图 4.2.13B）。样品 Q12851 测量 3 个方向轮宽序列（表 4.2.2），但最外部年轮边界非常模糊；样品 Q12856、样品 Q12857 和样品 Q12860 整体年轮极窄（表 4.2.2），无法测量宽度。因此在后续分析树木生长变化时，舍弃以上 4 个样品。

4.2.2.3　树龄、年代与树轮宽度

胡杨年轮序列显示，样品的树龄为 25～53a（$n=10$；这里树龄仅为样品残留的可观察年轮数；后同）（图 4.2.14），仅有两条轮宽曲线匹配度较高（图 4.2.15）。轮宽变化整体表现为反复式生长过程，即开始为约 10a 的青年生长阶段，之后进入约 15a 的缓慢生长期，然后是持续 10～15a 的快速生长阶段（附表 2.1）。进一步在胡杨样品 Q12843 的年轮序列中，选择第 2、第 10、第 20、第 30 和第 39 年轮做碳十四测年（图 4.2.15）。摇摆匹配拟合的结果显示，树木生长时间约为 1307～1340CE（中值年龄，$\sigma=22$；图 4.2.16）。

柽柳年轮序列显示，除一个样品的树龄大于 200a 外（图 4.2.19），其他样品的树龄分别为 45～85a（$n=6$）（图 4.2.16～图 4.2.18）。柽柳样品中仅有 3 条轮宽曲线匹配度较高（图 4.2.17）。轮宽序列显示，在青年生长期后（约 10a）轮宽普遍较窄，不过其中也出现多次相对较宽的年轮（附表 2.2）。在轮宽序列重复性较好的 3 个样品中，选择其中两个样品的第 30 年轮和一个样品的最外轮做碳十四测年（图 4.2.17）。校正的中值年龄显示，3 棵柽柳的生长时间分别为约 1406CE（$\sigma=31$）、约 1398CE（$\sigma=36$）和约 1465CE（$\sigma=40$）。此外，对大于 200a 树龄的柽柳取样做碳十四测年，第 7 年轮的中值年龄为约 1171CE（$\sigma=52$）（图 4.2.19）。

第4章 元明时期的罗布泊环境与人类活动

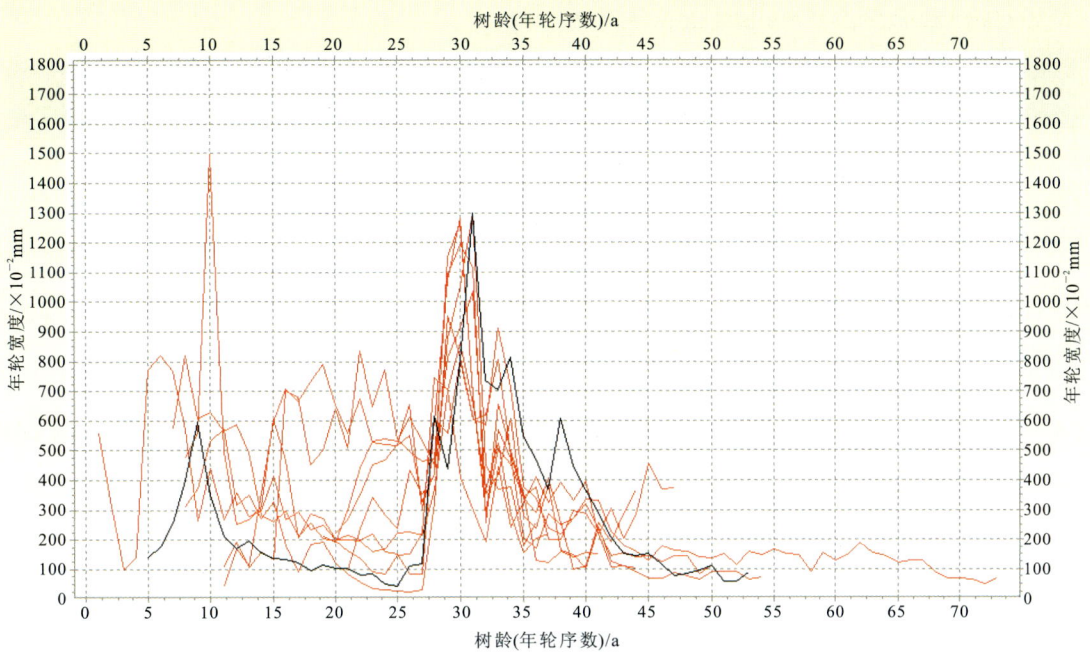

注:由于树木年轮序列较短,无法做交叉定年。以生长序列中极宽年轮为标志,已对图中生长序列做出目视调整(未从第1年轮开始计数的曲线),即样品间可能的生长对应关系。

图 4.2.14 本研究所有胡杨样品的年轮宽度序列

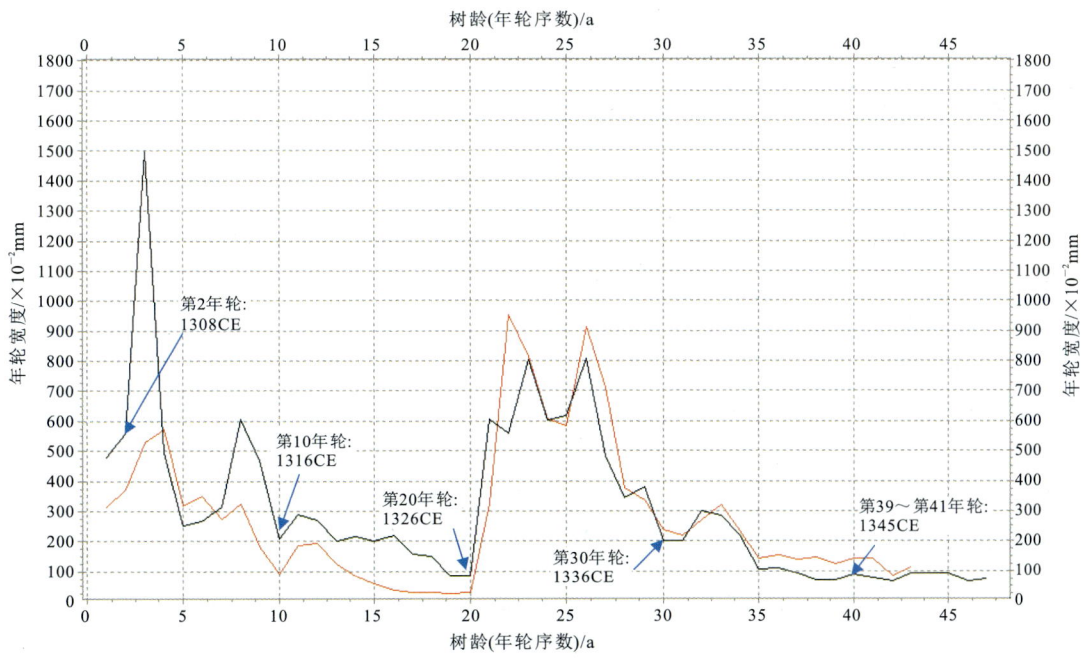

注:图中年龄为摇摆匹配拟合后的中值年龄,$\sigma=22$;红线为样品 Q12849;黑线为样品 Q12843。

图 4.2.15 两条重复度较高的胡杨轮宽序列与碳十四测年结果

85

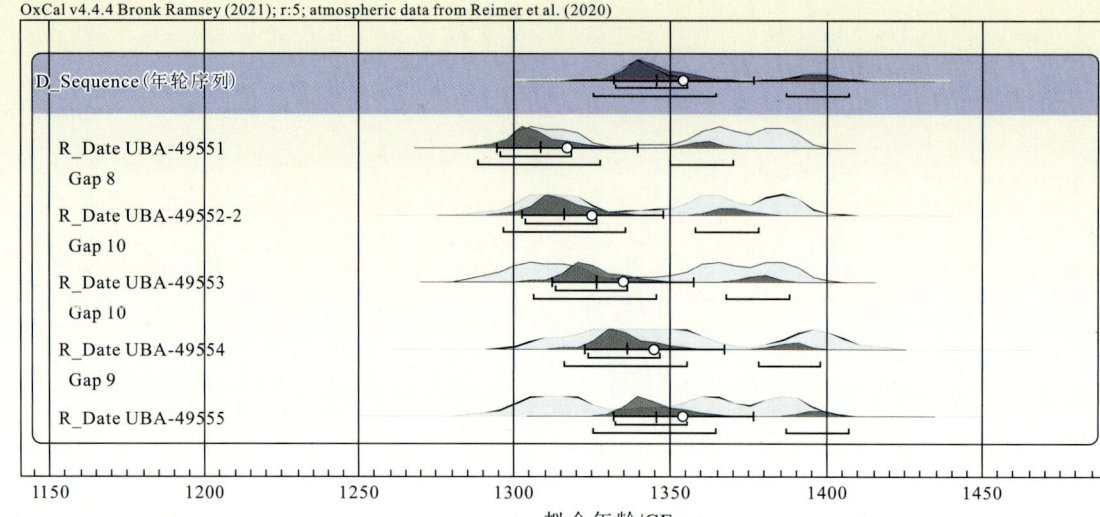

注:浅灰色阴影为校正年龄分布,深灰色阴影为拟合(后验)的年龄分布;阴影下的第1条横线指示68.3%的分布范围,阴影下的第2条横线指示95.4%的分布范围;白色圆点为拟合年龄的平均值,黑色十字为拟合年龄的中值,$\sigma=22$;Gap 8 指上、下两个单年轮测年样品在年轮序列上的差值为8,依此类推。

图4.2.16 摇摆匹配拟合的碳十四测年结果

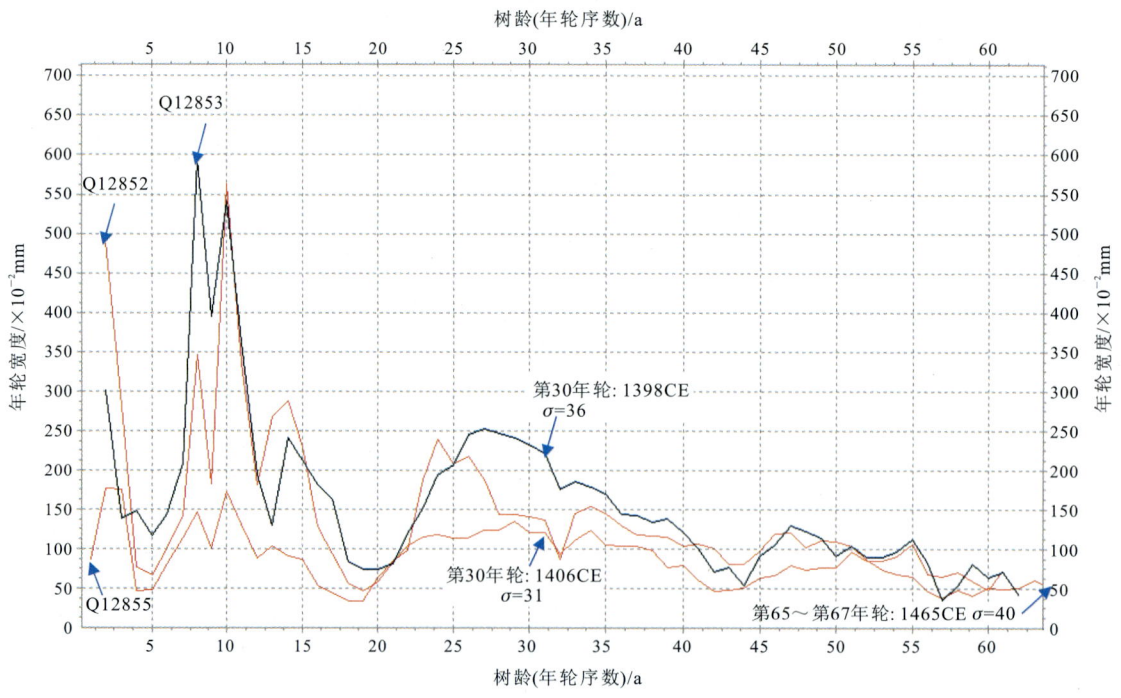

注:图中年龄为校正后的碳十四中值年龄。

图4.2.17 3条重复度较高的柽柳年轮宽度序列与碳十四测年结果

第4章 元明时期的罗布泊环境与人类活动

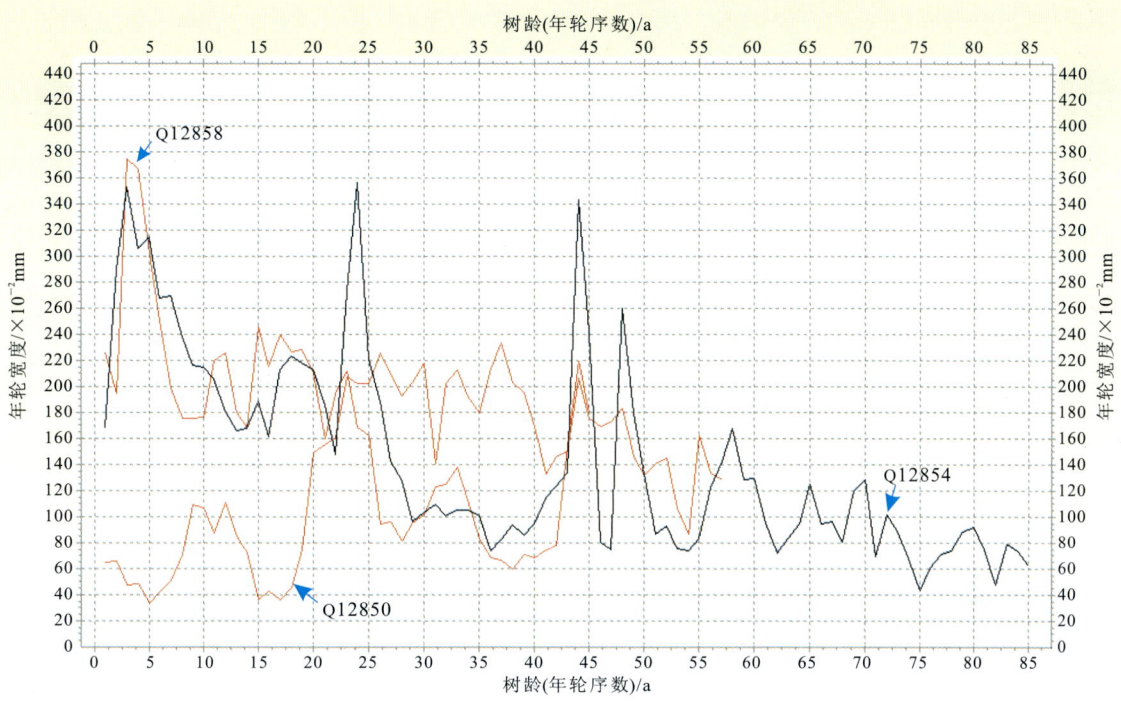

图 4.2.18 本研究其他 3 条柽柳年轮宽度短序列

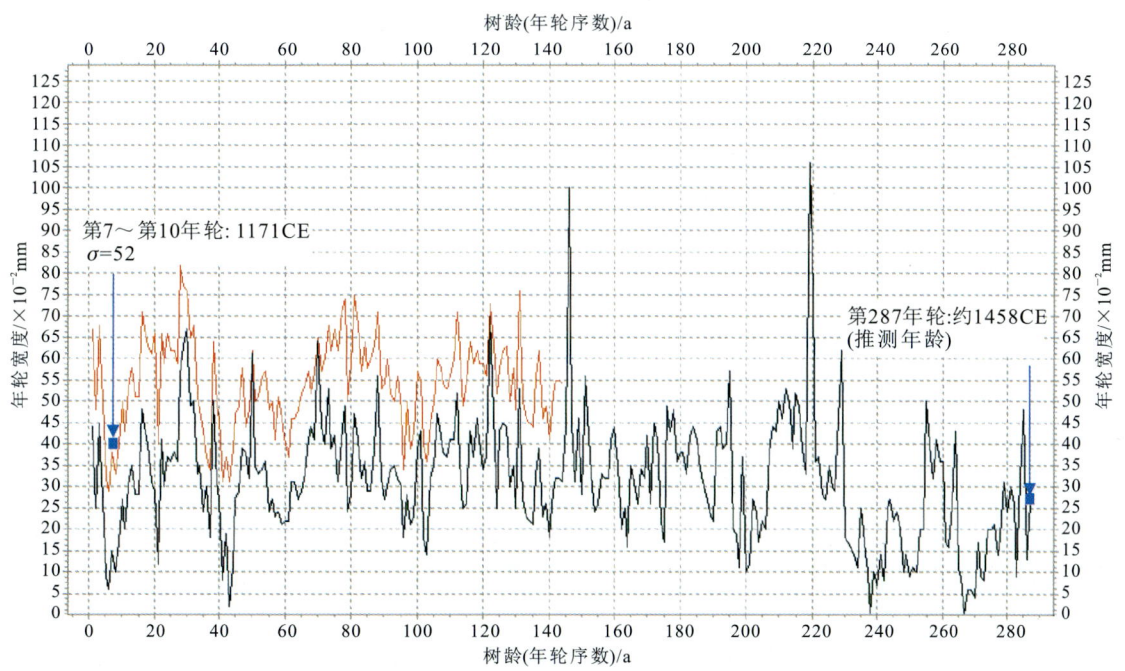

注：图中年龄为校正后的碳十四中值年龄；红线为样品 Q12859M；黑线为样品 Q12859B。

图 4.2.19 柽柳年轮宽度长序列与碳十四测年结果

4.3 人与环境的相互关系

区域古气候重建结果显示,元明时期罗布泊的水文环境相对适宜。昆仑山区是塔里木河的重要水源区,此阶段古里雅冰芯冰雪累积量不断增加,表明昆仑山区的降水量呈上升状态(Thompson et al.,1995)。祁连山地区树木年轮重建的降水结果表明,此时段降水量明显增加(Yang et al.,2014)。天山地区艾比湖、巴里坤湖和帕米尔喀拉库勒湖的序列沉积物古气候重建结果表明,13—15世纪区域环境相对湿润(Mischke et al.,2010;Tao et al.,2010;Wang et al.,2013)。相对较好的水文与生态环境,是人群在罗布泊地区活动的前提条件。

元明时期,中原地区与西域有着频繁交流(袁澍,1986;王旭送,2011),在塔里木盆地南缘的东西向交通线沿线以及河西走廊地区均存在这一时期的遗址(张平,1987;Luo et al.,2014;Li et al.,2017)。新发现的古代人类居址和人工水渠表明元明时期有人在此居住并修建水渠调水灌溉,在水渠的东段存在具有规则形状的暗红色耕地(Li et al.,2018),表明元明时期楼兰地区应存在一定规模、有组织的农业耕作活动,不过这一时期人类活动的历史记录较少。此时段的人类活动和环境记录具有很好的耦合关系,即气候变化导致山地降水增加或区域湿度增加,罗布泊地区出现绿洲丰水期,人群再次定居楼兰地区。

湿润的环境促进了同时期重大历史事件的进程。13世纪是欧亚大陆历史上的重要时段,成吉思汗及其后代带领的蒙古帝国分别于1219~1225CE、1235~1241CE和1252~1258CE进行了3次规模空前的西征(吴文祥等,2009)。气候环境变化在其中的作用,长期被多学科学者探讨。早期有学者提出环境变干或是温度降低在一定程度上影响蒙古西征(Jenkins,1974;Fletcher,1986),但均缺乏高分辨率气候环境记录做支撑。以蒙古高原地区树木年轮宽度变化序列为基础数据重建的过去千年暖季节水平衡记录显示,13世纪蒙古帝国兴起的环境背景是温暖且持续湿润的(Pederson et al.,2014)。罗布泊地区为欧亚干旱核心区,罗布泊元明湿润期(1170~1500CE)意味着塔里木盆地甚至整个中亚干旱区都会出现利于绿洲发育的湿润环境(Che et al.,2021;Li et al.,2024a),此湿润期正覆盖了西征的时间。中亚干旱区绿洲环境的大范围发育,能够为大军西征提供足够的沿途物资(Putnam et al.,2016)。而其间远征大军的东撤或暂停西进(比如公元1942年蒙古大军从匈牙利撤退、公元1258—1260年蒙古军队在叙利亚的征战等),可能与当地环境条件的变化有直接关联(Büntgen et al.,2016;Di Cosmo et al.,2021;宁雅,2022)。

第5章 清至民国时期的罗布泊环境与人类活动

5.1 罗布人聚落

在若羌县城东北约110km的荒漠中,有一个圆形遗址(直径约100m)(图5.1.1A),它主要由芦苇植被构成。遗址的墙体大部分被流沙掩埋(图5.1.1B),木质房屋结构简单且野外坍塌严重。该遗址位于整个罗布荒原的南部,靠近喀拉和顺洼地,地表结成薄薄的盐壳层,周围有一些干涸河床和少量柽柳沙包。从遥感图上能够清晰识别出该遗址周边区域的干河道(图5.1.2A),但野外实地观察发现这些干河道几乎无下切(水动力较弱)(图5.1.2B),枯死芦苇丛呈线性或片状分布指示曾经水流过的区域或曾经的滞水环境。

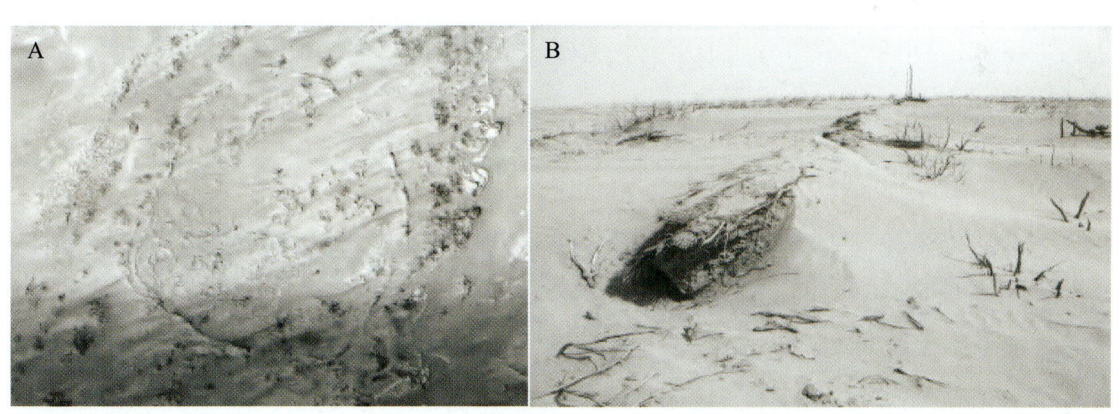

图 5.1.1 喀拉和顺西岸的圆形遗址(引自新疆文物考古研究所,2022)
A.遗址俯视图;B.残存墙体

在圆形遗址东南约20km处,分布着较多芦苇编织的房子(图5.1.3),房子均已坍塌。房屋结构多为单间式,建筑用材以芦苇为主,也可见极少量木材(图5.1.3D)。在房址外调查时,发现较多小型动物骨骼散落地表,可能反映了当时人群的肉食性饮食行为。房屋群附近有较多古河道,生长了大量芦苇植被,柽柳沙包相对发育。

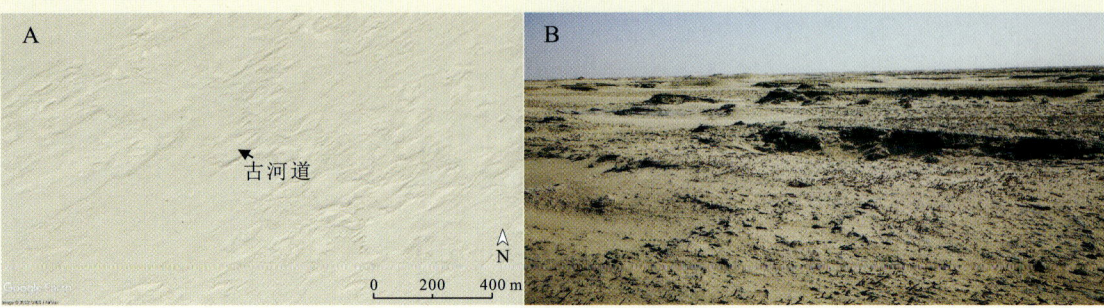

图 5.1.2 遗址附近地貌环境

A.古河道遥感图(底图源自 Google Earth);B.地表呈线状、片状分布的芦苇植被

图 5.1.3 罗布泊西南岸的芦苇房子

A.芦苇房子遗址及其周边环境;B.从房屋内看芦苇编织结构;C.从房屋外看芦苇编织结构;D.房屋建材中的少量木材

  圆形遗址和芦苇房子的建筑风格与现代罗布人的居住形式相同,这可能是罗布人的早期居住遗迹。19 世纪末至 20 世纪初的野外考察曾报道过这种在罗布泊地区的房屋结构,即

第5章 清至民国时期的罗布泊环境与人类活动

以芦苇为建材搭建成的简易房屋(杨镰,2010)。根据历史记录,最早聚居时间早于距今300a(韩春鲜等,2006;齐光,2024),即在清代以前人群已经生活在此。碳十四测年结果显示,这些遗址的早期使用时间约为1500CE(未发表数据,来自与吴勇老师的交流)。

5.2 环境条件

塔里木河流域现代胡杨林树轮年代学的早期工作始于下游阿拉干地区与中游轮台—沙雅地区(李江风,1989),近期拓展到阿拉尔地区(Ye et al.,2023),具有一定的空间覆盖度(图5.2.1)。树轮年代学的研究结果显示,现代胡杨林的生长时间起始约1674CE(图5.2.2)。罗布泊西岸的古植被年代数据显示,17世纪晚期至20世纪早期的罗布泊西岸生长芦苇等草本植被,空间上分布在古三角洲的南北两端(图4.2.3)。从流域尺度上看,1650~1900CE期间的塔里木河流域水资源相对较好,生长河岸林。在入湖区以芦苇植被为主,古代居住遗存(第5.1节中遗址所用建筑用材以芦苇为主)也揭示了这种缺少木本植物、以草甸植被为主的湖滨生态景观,这与19世纪末的地理考察记录一致(Hedin,1898;Ståhlberg et al.,2010;Svanberg et al.,2020)。

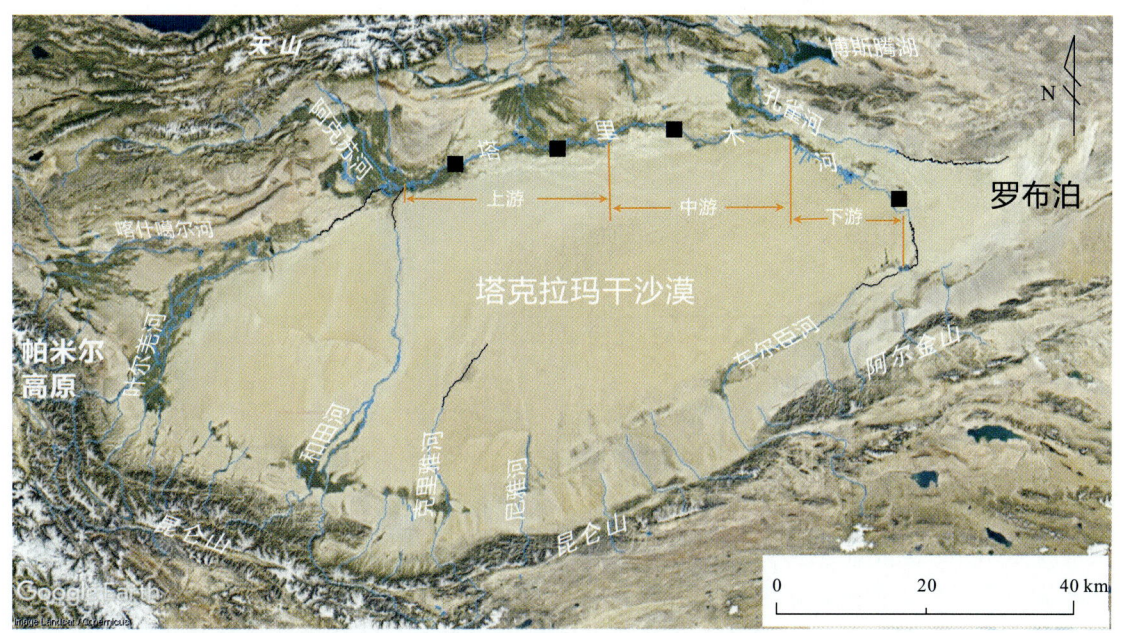

注:黑色方块代表前人采样点,底图源自Google Earth。

图5.2.1 塔里木河流域现代胡杨树轮样品空间分布(李江风,1989;Ye et al.,2023)

19世纪末至20世纪初,关于罗布泊位置的说法存在较多争议。最早,普尔热瓦尔斯基对罗布泊(实际为喀拉和顺)进行测绘与描述,显示当时水位很浅,绝大部分水体为淡水。不过,这点遭到李希霍芬的质疑,他认为普尔热瓦尔斯基所描述的"罗布泊"并非中国史书记载中的罗布泊。之后,斯文·赫定提出罗布泊是以1500a为周期的"游移湖"(wandering lake)假说(Hedin,1905),他认为罗布泊地区存在多个洼地(Geng et al.,2019)(图1.1.4),洼地的空间分布与变化可能决定了罗布泊的位置变化(Hedin,1902)。在中瑞西北科学考察阶段,有学者测定了罗布泊"葫芦形"水域东西宽约80km,南北长约130km(Hörner,1932;陈宗器,1936),并在此基础上发展出"交替湖"(alternating lake)概念(Hörner et al.,1935),阐述了干旱区河流沉积、侵蚀等过程与尾闾湖泊位置的相互关系。此外,也有学者提出入湖水系的空间分布与流量变化决定罗布泊位置与湖面大小(Stein,1921;周廷儒,1978;奚国金,1992;Zhang et al.,2021),并进一步受制于气候变化的观点(Huntington,1907a,1907b;Yang et al.,2006)。以上关于罗布泊问题的争论,焦点在于罗布泊位置是否有过变化(Kozloff,1898),可以称之为"罗布泊谜题"。

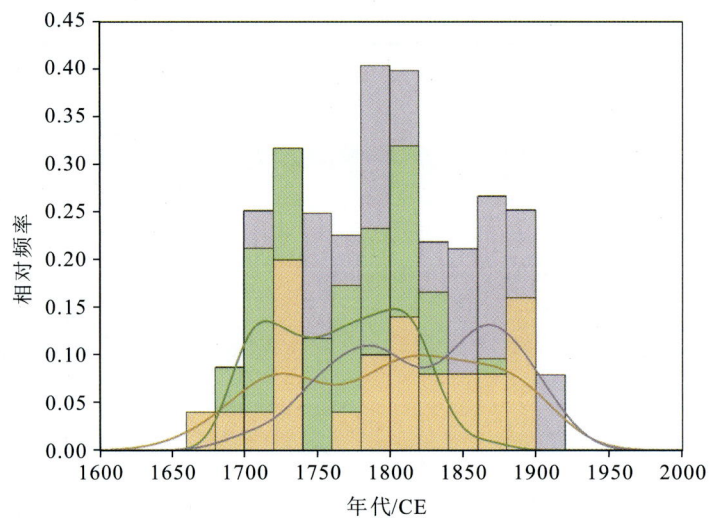

注:数据收集自李江风(1989)、Putnam等(2016)和Ye等(2023)。

图 5.2.2　塔里木河流域现代林地胡杨树木起始生长时间的概率分布

罗布泊始终是塔里木河流域最东端沉积洼地,其位置未曾有过变化。以塔里木河为主的地表径流是罗布泊地区水资源的主要补给,河流来水的丰枯变化与河网连通性决定了尾闾湖泊的变化。塔里木河中游的古植被碳十四年代与现今中游林地的树轮年代有一定的重叠期(18世纪晚期至19世纪早期),表明中游地区河道曾南北摆动大于100km(图4.2.7)。对于塔里木河下游地区的3个沉积洼地(图1.1.4),有学者提出可以把台特玛湖和喀拉和顺归入广义的罗布泊湖盆(中国科学院学部西北干旱区生态环境建设与可持续发展咨询考察

第5章 清至民国时期的罗布泊环境与人类活动

组,2003),但是在"罗布泊谜题"问题上,有必要将三者做进一步区分。从流域连通性与径流变化的角度出发,枯水期的河道连通性较差(进入20世纪以来)(图5.2.3),在终点湖罗布泊之前形成的短暂性湖泊(喀拉和顺等)被误认为是罗布泊,从而引起了罗布泊位置问题的百年之争。

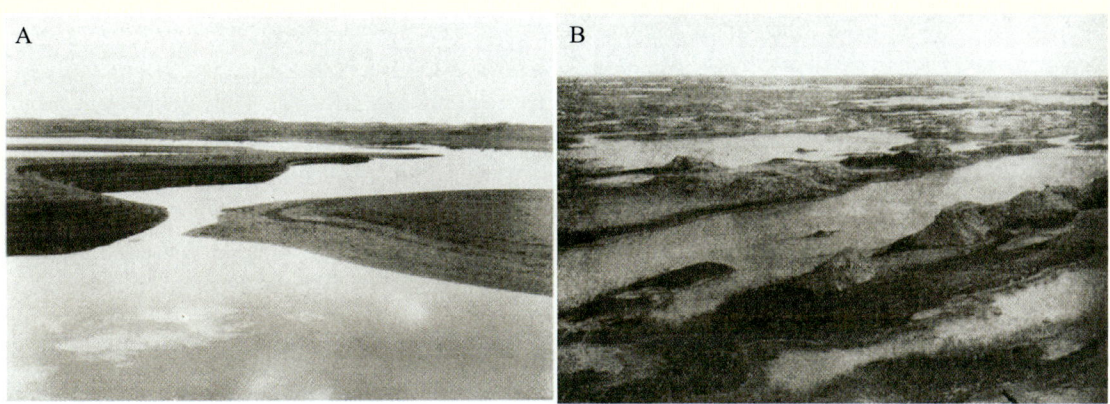

图 5.2.3　20世纪上半叶罗布泊地区的水文景观

A.1934年小河墓地附近地表径流(引自 Bergman,1935);B.1931年罗布泊北岸雅丹区内水体(LE遗址西约2km处;引自 Hörner et al.,1935)

第6章 过去千年塔里木盆地水文变化及其与交通线废弃的联系

6.1 水文变化记录

6.1.1 基于古植被年代数据建立的古水文记录

塔里木盆地水文长期变化研究，以往多是以盆地内部和边缘区的松散沉积物序列为研究材料开展的古环境重建工作。尽管这些研究工作提高了我们对绿洲荒漠环境演化过程及其机制问题的理解，但仍存在以下几方面问题：①风沙沉积或是风沙-河湖相沉积存在不连续问题，致使分辨率较低（Qin et al., 2012；Shao et al., 2022），且水文变化具有间歇性特点，很难构建连续变化记录（杨小平等，2021）；②沉积物测年具有较大局限性，如碳十四测年的碳库问题（Zhang et al., 2012；Chui et al., 2024）和释光测年的误差问题（Zhang et al., 2012；Shao et al., 2022）；③盆地内地貌单元复杂多样，单个剖面研究的空间代表性有限（孙爱军等，2022；Cui et al., 2024）。

基于塔里木盆地古林地碳十四年龄（图4.2.10）与现代林地树轮年代（图5.2.2），笔者团队建立了一条独立、精确定年、高时空分辨率的塔里木盆地过去千年水文变化记录（图6.1.1）。其独立性在于该记录是首条以河网、植被为出发点建立的，研究思路与研究方法不同于传统的沉积序列重建，笔者团队将野外水文地貌特征（流域尺度）与研究材料结合来回答科学问题。其精确性在于该记录完全依据木材样品的碳十四测年结果与树轮年代学分析，回避了干旱区测年的不可靠性问题，而且有足够的样品数据支撑。其高时空分辨率在于每个样品均具有详细的位置信息，将年龄数据集投到地图上，不仅可以宏观分析流域河流水文的时空波动，而且可实现单河道、河道间的丰枯变化与地表摆动等过程的详查。

由于塔里木盆地长期极端干旱的气候环境背景，使用"湿润期"与"干旱期"来表达该区域的水文气候、环境变化，往往会造成理解偏差。塔里木盆地的水文变化主要是指塔里木河流域的水资源丰枯性，因此本研究采用"丰水期"与"枯水期"来描述其水文环境的相对变化。在丰水期（洪水期/季），胡杨林沿河生长呈条带状（Thevs et al., 2008a, 2008b）；当径流量减少或消失后（枯水期），胡杨林将迅速退化（Zhou et al., 2019；Xu S X et al., 2023）。

第6章　过去千年塔里木盆地水文变化及其与交通线废弃的联系

塔里木盆地水文序列具有百年尺度丰枯旋回特征。过去千年塔里木河流域水文变化具有明显百年尺度变化特点,即丰水期(约 1170~1500CE)—枯水期(约 1500~1650CE)—丰水期(约 1650—1900CE)模式(图 6.1.1)。不同于前人提出的"比现在湿润"期(Putnam et al.,2016),本研究系首次识别出约 1500~1650CE 的枯水期。

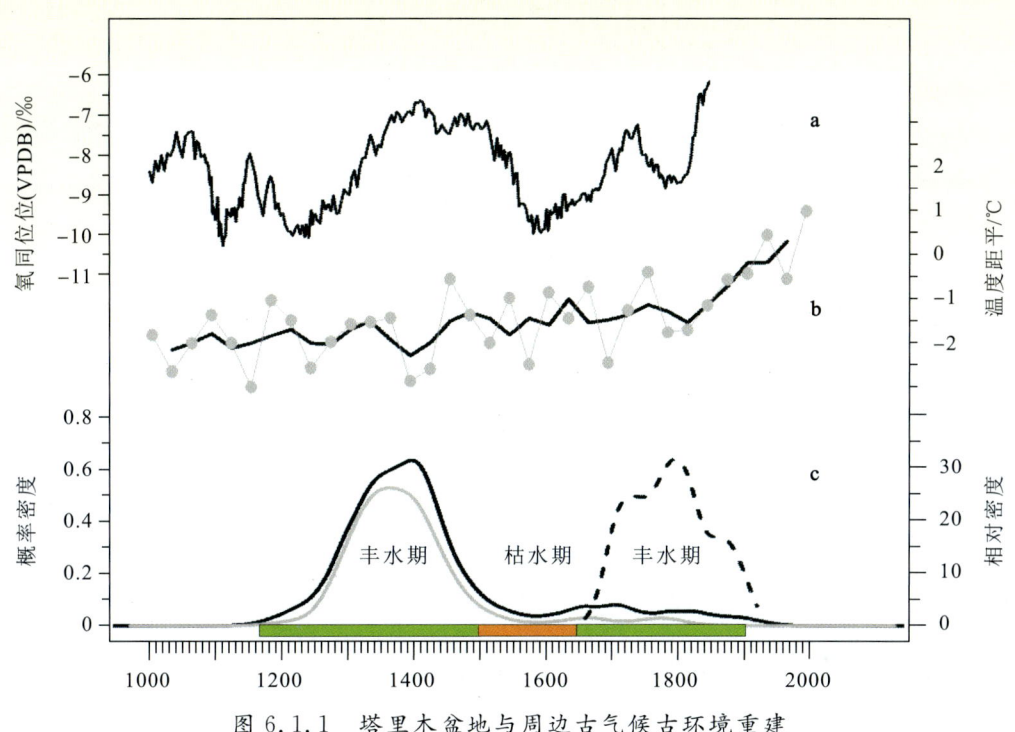

图 6.1.1　塔里木盆地与周边古气候古环境重建

a. 中天山地区克桑洞石笋氧同位素记录(Cai et al.,2017);b. 西昆仑地区冰芯氧同位素重建的温度变化序列(Pang et al.,2020;灰色圆点为重建的温度异常);c. 碳十四年龄概率分布[黑线为盆地尺度的年代数据分布,灰线为罗布泊地区年代数据分布,虚线为塔里木盆地现代林地树木的初始生长时间序列(李江风,1989;Putnam et al.,2016;Ye et al.,2023);绿色条带代表丰水期;黄色条带代表枯水期]。

在枯水期结束后,塔里木河下游存在一次河流转向(由东西向、南东东向转变为南向),奠定了现今塔里木河下游水系空间分布的雏形。以往研究认为,塔里木河下游在过去千年里曾出现两次重要改道,分别在 1921 年和 1952 年;在此之前(魏晋至近现代),古河网空间格局无明显变化(夏训诚等,2008;樊自立等,2009a;张永雷等,2016)。本研究结果显示,塔里木盆地范围内部分古植被的年龄处于 17 世纪晚期至 19 世纪期间(图 4.2.10),这些样品分别来自塔里木河中上游与罗布泊西岸的南北两端(图 4.2.3),进而表明在枯水期与最近一次(末次)丰水期的转换阶段,塔里木河下游曾与孔雀河分开(约 1650CE)。进一步分析发现,倒数第 2 次丰水期(约 1170~1500CE)的罗布泊西岸是整个面有水的(图 6.1.2),而最近一次(末次)丰水期(约 1650~1900CE)的罗布泊西岸仅南北两端与现今塔里木河下游河道地区有水(图6.1.3)。综上可见,塔里木河下游在末次枯水期(约1500~1650CE)之后(由枯水期向丰水期的转换阶段)发生河流转向事件(图6.1.4),也就是由近东向、南东东向转为近南向。

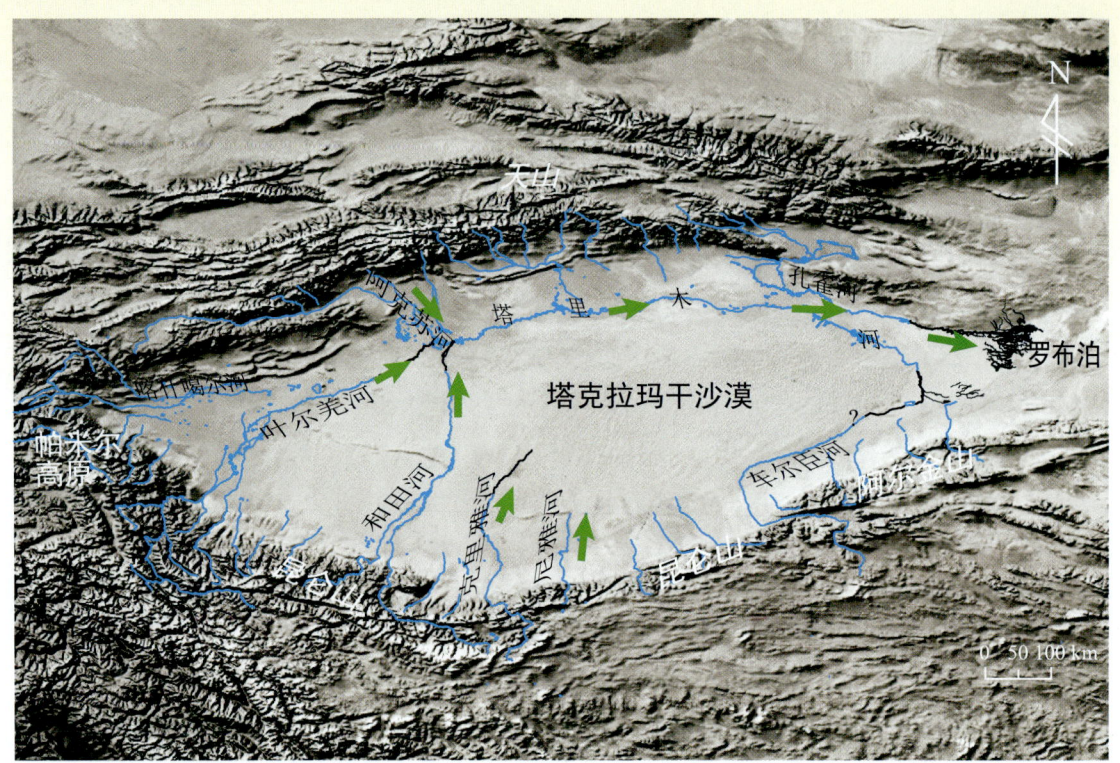

注:箭头指示塔里木河流域河流体系,绿色代表连通性较好;"?"表示缺少来自该区域植物遗存的年代数据。

图6.1.2 塔里木盆地倒数第2次丰水期(约1170~1500CE)水系配置变化示意图

塔里木河下游河流转向的诱因可能是丰水期的间歇式洪水。考古调查显示,中世纪晚期的塔里木河流域人类活动强度较低(张永雷等,2021;Dong et al.,2021;Ding et al.,2023),说明人为因素在河流转向问题上不应是主导动力。尽管胡杨与柽柳的树轮序列很短,但是二者的生长序列(轮宽)却揭示出地表河道径流与地下水位(二者是塔里木盆地河岸林径向生长的主要影响因素)(储国强等,2002;Zhou et al.,2019)潜在的快速波动。胡杨和柽柳的宽年轮意味着当时水资源的高度可利用性,显示树木生长期内存在高流量阶段,尤其是生长激增(由窄、极窄年轮变为极宽年轮)表明生长年水资源流量丰富、年际快速水文变化(间歇式洪水)。这种间歇式、大幅度变化的水文事件具有较强的洪泛作用(Thevs et al.,2008a,2008b),很可能是下游河流流向发生转变的重要动力。自20世纪早中期以来,塔里木河河道的变化受人类活动影响较大(Zhou et al.,2019)。

第6章　过去千年塔里木盆地水文变化及其与交通线废弃的联系

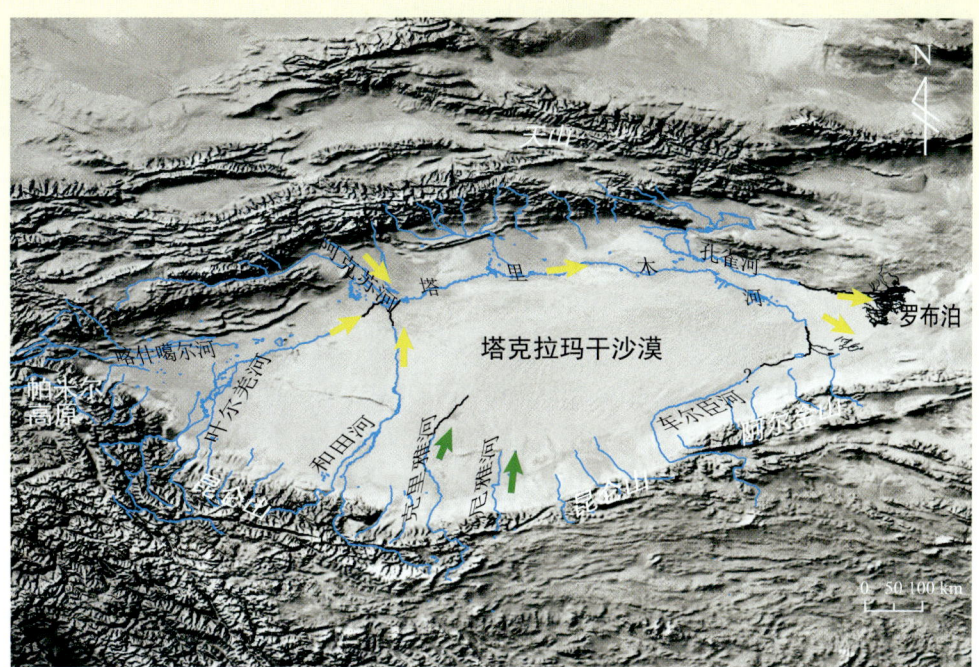

注：箭头指示塔里木河流域河流体系，绿色代表连通性较好，黄色代表连通性较差；"?"表示缺少来自该区域植物遗存的年代数据。

图 6.1.3　塔里木盆地末次枯水期（约1500～1650CE）水系配置变化示意图

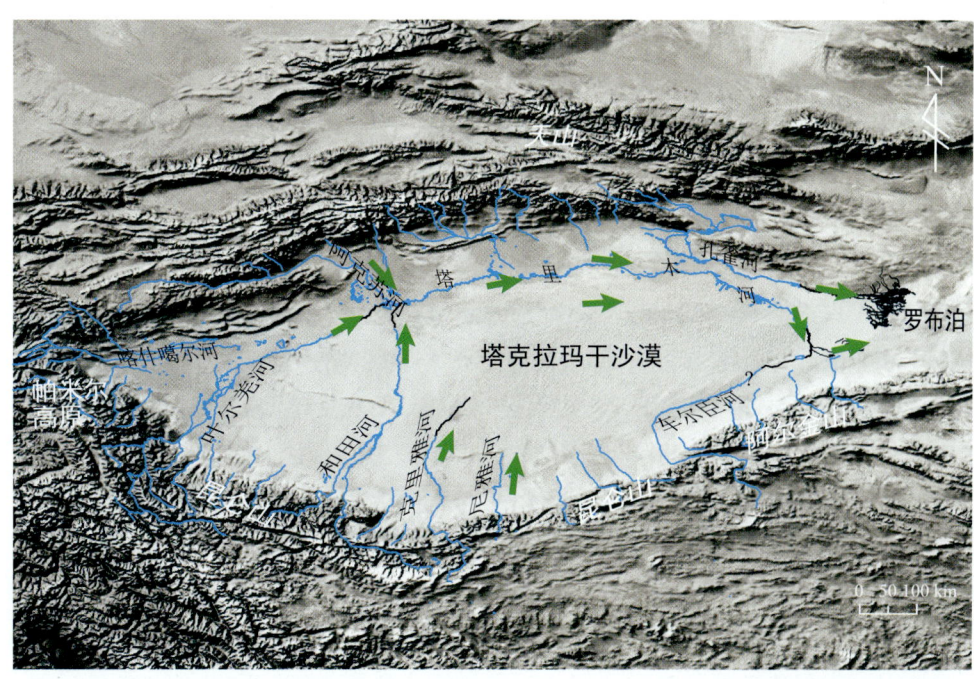

注：箭头指示塔里木河流域河流体系，绿色代表连通性较好；"?"表示缺少来自该区域植物遗存的年代数据。

图 6.1.4　塔里木盆地末次丰水期（约1650～1900CE）水系配置变化示意图

97

6.1.2 古环境记录对比

本研究识别出的枯水期得到邻区古水文重建结果的支持。前人根据树轮宽度序列,重建了博斯腾湖流域径流量变化,结果显示 16 世纪为低流量期(Liu et al.,2023)。同样基于树轮宽度年表的水文气候重建工作,揭示出约 1500~1560CE 和约 1625~1690CE 为中天山地区的显著低流量期(Chen et al.,2022),约 1550~1700CE 为中天山地区的相对干旱阶段(Chen et al.,2015)。

本研究建立的过去千年水文变化记录为探讨几十年、百年尺度水文波动的控制因素提供了可能。塔里木盆地内部水资源补给主要来自周围高山在暖季的冰雪融水和山地降水(图 1.1.2)(刘嘉麒,2014;Tan et al.,2024),但长尺度的控制因素仍不清楚。来自西昆仑和中天山地区的冰芯氧同位素记录显示,过去千年的区域温度未有太大变化或存在略微升高趋势(Takeuchi et al.,2014;Pang et al.,2020;Thompson et al.,2024)。中天山地区石笋氧同位素记录具有显著百年尺度变化特征(图 6.1.1)(Cai et al.,2017),在一定程度上可代表高海拔地区降水量的变化。塔里木河水源区的重建结果表明塔里木河流域过去千年水文变化与周边高海拔区降水存在密切联系。

塔里木盆地处于夏季热带辐合带的边缘(Hogg et al.,2020),也是西风区与季风区的交会处(Chen et al.,2019)。热带辐合带(南北移动、区域性扩张与收缩等)(Schneider et al.,2014;Yan et al.,2015;Liu et al.,2022)和/或西风急流(南北移动、强弱变化等)的不稳定性(Chen et al.,2019;Wang S J et al.,2024),可能是控制过去千年塔里木盆地水文条件呈百年尺度丰枯变化特征的重要因素。

6.2 当前流域水文状态与启示

当下气候变暖已经影响到塔里木河流量。根据本研究建立的塔里木河流量变化模式,最近一次高流量期约在 20 世纪中期前结束,然后进入一个百年尺度的低流量期(图 6.1.1)。然而器测资料显示,在 1952—2008 年期间塔里木河支流年流量却不断增加(Tao et al.,2011),可解释为变暖引起周围山区冰雪融化增加。理论上,塔里木河干流的流量也会上升;但实际上,主干区流量并没有增加反而经常出现断流,主要原因是人类活动(农业灌溉等)消耗大量水资源。因此,现今塔里木河流域水文状态是变暖和人类过度用水双重因素叠加的结果。

本研究为塔里木河流域未来水文变化预测提供了科学参考。塔里木河流域是一个由高山冰冻圈补给的大型干旱流域(Zhang T et al.,2023),可持续的水资源是一切发展的基础。一方面,管理部门需要不断提升流域水资源科学规划能力(陈曦等,2017;陈亚宁等,2023)。

第6章 过去千年塔里木盆地水文变化及其与交通线废弃的联系

在百年尺度水文变化特征下,考虑如何保持全流域连通性(沉积物输送量变化等)、避免径流过于分散(下游河道摆动等)以及减少发生次生灾害(水量季节性丰枯变化带来的生态快速退化等)(陈亚宁等,2019;Li D F et al.,2021a)。另一方面,学界需要考虑未来温度与山地降水的变化将如何影响塔河流域冰冻圈水资源储量(变暖背景下降雨和降雪的相对变化问题)与塔里木河流域径流量波动(极端水文事件与流域生态的恢复力问题)等(Peterson et al., 2021;Ombadi et al.,2023;Li et al.,2024a)。最终目标是,尽可能减小塔里木河流域潜在的水资源安全风险及其带来的社会效应,提高流域系统抵御未来环境变化的能力。

6.3　枯水期与陆地交通线废弃

古丝绸之路是旧大陆文化交流与贸易往来联系的重要纽带,直至16世纪衰落。陆地交通线衰落的原因主要包括两大影响因素,即社会经济因素和环境因素。在社会经济因素方面,亚洲腹地战争冲突频发(陈光文,2011)或海上丝绸之路兴起(翟少冬,2017),被认为是陆上交通废弃的重要原因。然而,交通线废弃的环境因素尚未有深入探讨,主要是因缺少高分辨率古环境记录。本研究建立的塔里木盆地过去千年水文变化记录,为探讨交通线由盛转衰问题提供了清晰环境背景。

我国西北地区对应古丝路的东段,路线穿过多处极端环境区域,包括极端干旱的塔里木盆地、高海拔的中亚山区走廊地带,地形极其复杂。沙漠绿洲路线是在汉朝、匈奴和西域之间的统治平衡背景下开创的(王炳华,2009),而山地草原路线可能是在游牧人群长期流动的基础上发展而成的(Frachetti et al.,2017;张景明等,2023)。从区域地理的角度来看,这些路线的分布与河流网络紧密相关,表明交通线的开发与存续受中亚干旱区河流绿洲空间分布的制约。

塔里木河流域在约1500~1650CE期间出现的枯水期与古丝绸之路废弃存在时间上的耦合联系,表明可利用的水资源减少是引起交通线衰落的重要环境因素。进入枯水期,塔里木河流域连通性变差(图6.1.3),塔里木地区的可通行性较差,道路不能通畅。在河西走廊地区,也存在同样现象。古环境记录显示,黑河水源区在约1420~1520CE和约1600~1720CE期间降水量减少(Yang et al.,2014),黑河上游在约1450~1700CE经历了一个枯水期(Yang et al.,2011),尤其是在约1450~1500CE(Liu et al.,2010;Qin et al.,2010;Yang et al.,2011)。自约1400CE以来,黑河下游古遗址数量较少,也印证了流域径流减少(Shi et al.,2019)。15—16世纪,敦煌地区出现荒漠化现象(Dong et al.,2021),可能是黑河流域枯水的直接表现,导致丝路无法通行。因此,古丝路交通线的最终废弃与我国西北地区或中亚干旱区的环境变化有密切联系。

第7章　罗布泊地区交通路线及其变迁

丝绸之路新疆段连接了敦煌、瓜州、吐鲁番、楼兰等几个重要地理节点，但由于历史的变迁，一些古代地名所指位置如今已不可直接知晓。丝绸之路具体路线的空间分布，是一个涉及多学科研究方法与实践的重要学术问题（殷晴，1992；樊自立等，2009；秦小光等，2023；陈晓露，2024）。

丝绸之路南道玉门关至楼兰段，现今气候干旱、水草匮乏、荒无人烟。根据史料推测古道从玉门关西出后，向北先越三陇沙，再向西沿阿奇克谷地到罗布泊东岸，进而转向西北经白龙堆到楼兰（夏训诚等，2007）。在2017年的罗布泊科考中，笔者团队发现了这条连接敦煌和楼兰的古道——楼兰道，它主要分布在阿奇克谷地北岸的沙地，是一条人为修筑的古道。

7.1　历史记载中的丝绸之路南道

在阿奇克谷地的古道沿线，不仅发现周朝时期的陶片（秦小光等，2023），还采集到残留的早期木楔（碳十四校正年龄约为400～300BCE），表明在春秋战国时期楼兰与中原之间就已经存在交流。到汉代张骞出使西域以后，东西方商路大规模开通，敦煌到楼兰之间的交通道路得到官方维护和推进，包括设立专门机构管理路网与修筑道路、驿站、烽燧等（王炳华，2009；张德芳，2021）。丝路开通带来的贸易便利促进了沿途国家的经济繁荣（赵大旺等，2024），内地的纺织品、铜镜等进入西域人民的家室（陈霞，2013；侯灿，2022），西域地区的动植物等也被输入中原（河南博物院，2018；Spengler，2019）。丝路开通还带来了宗教、文化、语言的多向交流，例如米兰遗址壁画体现出犍陀罗宗教艺术元素（邱陵，1995）、楼兰尼雅地区保存的多种文字材料（林梅村，1988，1991）、和田地区采集的双语钱币（黄文弼，1958；夏鼐，1962）和于阗文中的汉语借词（史金波，2020）等。

第7章　罗布泊地区交通路线及其变迁

7.1.1　丝绸之路路线位置的描述

丝绸之路路网由多条路线组成。《汉书·西域传》记载古丝绸之路"自玉门、阳关出西域有两道：从鄯善傍南山北，波河西行至莎车，为南道，南道西逾葱岭则出大月氏、安息。自车师前王廷随北山，波河西行至疏勒，为北道，北道西逾葱岭则出大宛、康居、奄蔡焉"。由以上历史记载可知，有南北两条道到西域，即自玉门关或阳关出发分别沿南山（昆仑山）北侧和北山（天山）南的古塔里木河北支西行，但是没有细述南道中从玉门关、阳关到鄯善（楼兰）的具体路线。

《汉书·西域传》又记载"元始中，车师后王国有新道，出五船北，通玉门关，往来差近，戊己校尉徐普欲开以省道里半，避白龙堆之厄"，表明在公元1—5年（公元3年前后），玉门关—车师后国的古道开通，并强调是为了躲开白龙堆的恶劣环境。这条路线后来被称为"大海道"，原来去车师后国是从玉门关到楼兰后再向北经焉耆到车师前王廷，这条新道路程短了很多。实际上，它应该算是汉时丝绸之路北道的东段。

"至宣帝时，遣卫司马使护鄯善以西数国。及破姑师，未尽殄，分以为车师前后王及山北六国。时汉独护南道，未能尽并北道也。"由此可见，公元前61年汉宣帝就开始派卫司马使护鄯善以西数国，这时只有南道畅通。"既至汉，封日逐王为归德侯，吉为安远侯。是岁，神爵二年也。乃因使吉并护北道，故号曰都护。都护之起，自吉置矣"显示，到神爵二年（公元前60年）设立西域都护府，任命郑吉为都护，开始保护北道，北道自此开始通畅，而南道一直在汉的控制之下。

《后汉书·卷八十八　西域传》记载"自敦煌西出玉门、阳关，涉鄯善，北通伊吾千余里，自伊吾北通车师前部高昌壁千二百里，自高昌壁北通后部金满城五百里。此其西域之门户也，故戊己校尉更互屯焉。伊吾地宜五谷、桑麻、蒲萄。其北又有柳中，皆膏腴之地。故汉常与匈奴争车师、伊吾，以制西域焉""自鄯善踰葱领出西诸国，有两道。傍南山北，陂河西行至莎车，为南道。南道西踰葱领，则出大月氏、安息之国也。自车师前王庭随北山，陂河西行至疏勒，为北道。北道西踰葱领，出大宛、康居、奄蔡焉者"。南道北道都是从鄯善开始算起，显然东汉时期的鄯善是西域门户。

到魏时，《魏书·列传第九十　西域》记载"出自玉门，渡流沙，西行二千里至鄯善为一道；自玉门渡流沙，北行二千二百里至车师为一道"。流沙即今罗布泊东南的库姆塔格沙漠，其东北延伸段就是三陇沙。玉门关—鄯善就是汉书所说南道的东段，虽未细述南道具体位置，但确认南道需要渡流沙，即翻越库姆塔格沙漠。玉门关—车师的古道则是汉书所说北道东段"大海道"。

《三国志·魏书》卷三十注引《魏略·西戎传》记载"从敦煌玉门关入西域，前有二道，今有三道。从玉门关西出经婼羌转西越葱岭经悬度入大月氏为南道。从玉门关西出，发都护

101

井,回三陇沙北头,经居庐仓,从沙西井转西北,过龙堆,到故楼兰,转西诣龟兹,至葱岭为中道。从玉门关西北出,经横坑,辟三陇沙及龙堆,出五船北,到车师界戊己校尉所治高昌,转西与中道合龟兹,为新道",显然《魏略》的南道和中道与《汉书》的南道各有重叠部分,《魏略》的南道和《汉书》南道均傍南山北侧,但起点不同。《汉书》中未提及如何从玉门关到鄯善,其南道起点直接从鄯善算起,《魏略》则称南道从玉门关经婼羌再西行入大月氏,可见《魏略》的南道并不走楼兰,走楼兰的古道是其中道。而新道,即所谓的"大海道",是《汉书》中戊己校尉徐普所开的玉门—车师后千国(现叶鲁番)段的详述。

  到了隋朝,《隋书》中记载裴矩上书中说"发自敦煌,至于西海,凡为三道,各有襟带。北道从伊吾,经蒲类海铁勒部突厥可汗庭,度北流河水,至拂菻国,达于西海。其中道从高昌、焉耆、龟兹、疏勒、度葱岭,又经钹汗、苏对沙那国、康国、曹国、何国、大小安国、穆国,至波斯,达于西海。其南道从鄯善,于阗,朱俱波、喝槃陀,度葱岭,又经护密、吐火罗、挹怛、帆延、漕国,至北婆罗门,达于西海。其三道诸国,亦各自有路,南北交通。其东女国、南婆罗门国等,并随其所往,诸处得达。故知伊吾、高昌、鄯善,并西域之门户也。总凑敦煌,是其咽喉之地"。这显示此时丝绸之路有3条道,北道从伊吾,经蒲类、度北流河水,至拂菻国,达于西海,西海应该指中亚的咸海;中道从高昌、焉耆、龟兹、疏勒、度葱岭,又经钹汗、大小安国等国,至波斯,达于西海;南道从鄯善,经于阗,过葱岭,又经吐火罗等地,至北婆罗门,达于西海,鄯善是南道门户。由此可见,这时以从伊吾走天山的路线为北线,而原来《汉书》中的北线(大海道)成为这时的中线;南道则仍是从鄯善出发,沿昆仑山前西走,没有详述玉门到鄯善的具体路线。

  到唐朝后,《新唐书》记载"又一路自沙州寿昌县西十里至阳关故城,又西至蒲昌海南岸千里。自蒲昌海南岸,西经七屯城,汉伊脩城也。又西八十里至石城镇,汉楼兰国也,亦名鄯善,在蒲昌海南三百里,康艳典为镇使以通西域者。又西二百里至新城,亦谓之弩支城,艳典所筑。又西经特勒井,渡且末河,五百里至播仙镇,故且末城也,高宗上元中更名。又西经悉利支井、祆井、勿遮水,五百里至于阗东兰城守捉。又西经移杜堡、彭怀堡、坎城守捉,三百里至于阗"。按此记述,从沙州寿昌城(现在阳关镇东南)向西十里到阳关故城(现在已经找不到古城址,只有几座残存烽燧和沙丘间的古耕地),再向西千里到蒲昌海南岸,经七屯城,这个位置只有米兰古城在罗布泊南岸,所以看来七屯城可能就是米兰古城。但又说七屯城即汉代的伊脩城,即伊循城,这与《水经注》的记载不一致。米兰区域没有注滨河,所以可能有一个记载是错的。"又西八十里至石城镇,汉楼兰国也,亦名鄯善,在蒲昌海南三百里。"按照地处蒲昌海南岸的位置看,应该只有现在若羌才可能是石城镇。但米兰和若羌两地相距68km,可不止"八十里",距蒲昌海南"三百里"倒是相差不大。"又西二百里至新城,亦谓之弩支城",弩支城应该是瓦石峡,这个距离大致接近。"又西经特勒井,渡且末河,五百里至播仙镇,故且末城也。"这个记述显然与现在米兰、若羌、瓦石峡、且末的从东向西顺序一致,与魏略记载的南道一致,反映唐时南道已成主道,可能经楼兰的古道已经荒废。这是《史书》中对南道罗布泊段最详细的记录。

从以上史料可以总结出丝绸之路具有以下特点：丝绸之路的路线在不同时期有变化，汉时出玉门关后，经鄯善到莎车是南道，未提玉门关到鄯善是怎么走的。魏时则介绍了南道玉门关到鄯善的路线是"出自玉门，渡流沙，西行二千里至鄯善"，流沙即现在的库姆塔格沙漠，翻越库姆塔格沙漠的古道都需要通过阿奇克谷地。阿奇克谷地南北两岸都有古道，北岸的楼兰道通楼兰，南岸古道通米兰、若羌、且末，因此具体的南道路线需要看鄯善位置。目前学界对鄯善的位置有3种推测。其一是在楼兰古城一带。其二是在米兰，因为米兰可能是伊循城所在。《唐书》中有"自蒲昌海南岸，西经七屯城，汉伊脩城也"的描述，而《汉书·卷九十六上 西域传》记载傅介子刺杀楼兰王后"乃立尉屠耆为王，更名其国为鄯善""于是汉遣司马一人，吏士四十人，田伊循以填抚之。其后更置都尉。伊循官置始此矣"，伊循城正是这时所建。第三种推测是现在若羌县城所在绿洲就是鄯善，因为《唐书》中称"又西八十里至石城镇，汉楼兰国也，亦名鄯善"。从《魏略·西戎传》将经婼羌的南道和到故楼兰的中道区分介绍来看，南道更应该是阿奇克谷地南岸的古道。

玉门到今吐鲁番的车师前王廷是北道，又称新道、大海道。而隋唐时中道楼兰道已废，以阳关—米兰—若羌—且末为南道，另以伊吾的北天山线为北道，中道西段未变，仍从吐鲁番的高昌出发，玉门到高昌段可能仍走大海道。南道相对稳定，长期控制在中原政权手里。

7.1.2 古道沿途遗迹

古道不仅有道路遗迹本身，还会有沿途的附属设置，如城池、驿置等。《汉书·卷九十六上 西域传》记载"自贰师将军伐大宛之后，西域震惧，多遣使来贡献。汉使西域者益得职。于是自敦煌西至盐泽，往往起亭，而轮台、渠犁皆有田卒数百人，置使者校尉领护，以给使外国者"，结合《后汉书·卷八十七 西羌传》记载"及武帝征伐四夷，开地广境，北却匈奴，西逐诸羌，乃度河、湟，筑令居塞；初开河西，列置四郡，信道玉门，隔绝羌胡，使南北不得交关。于是障塞亭燧出长城外数千里"，显然汉政权从玉门关，出长城后到盐泽罗布泊的沿途设置了很多障塞亭燧防备匈奴，因此找到这些障塞亭燧的遗址就可以确定古道的延伸、走向和位置。

7.1.3 有关鄯善与中原之间南道往来的记载

《魏书·帝纪第四 世祖纪上》记载"世祖太武皇帝……三年……六月……高丽、鄯善国并遣使朝献。四年春三月庚辰，鄯善王弟素延耆来朝。五年……是岁，鄯善、龟兹、疏勒、焉耆、高丽、粟特、渴槃陀、破洛那、悉居半等国并遣使朝贡"，说明公元418—420年间鄯善每年有朝贡。"吐谷浑尝得波斯草马，放入海……地兼鄯善、且末"，显示青海地区的吐谷浑人大约在公元420年以后,曾占据鄯善和且末。"太平真君……三年……夏四月,无讳走渡流沙,据鄯善",表明公元442年夏天的无讳西逃,渡过库姆塔格沙漠,占据鄯善,这最引人关注。"六年……征西大将军、高凉王那等讨吐谷浑慕利延于阴平白兰……散骑常侍、成周公万度归乘传发凉州以西兵袭鄯善。……壬辰,度归以轻骑至鄯善,执其王真达以诣京师",即公元445年,发兵袭打鄯善。"九年(注:公元448年)……夏五月甲戌,以交趾公韩拔为假节、征西将军、领护西戎校尉、鄯善王,镇鄯善,赋役其民,比之郡县",这表明公元448年的魏统时期已对鄯善(原楼兰)按照郡县进行统治。

《新唐书》还记载:"唐置羁縻诸州,皆傍塞外,或寓名于夷落。而四夷之与中国通者甚众,若将臣之所征讨,敕使之所慰赐,宜有以记其所从出……其入四夷之路与关成走集最要者七:一曰营州入安东道,二曰登州海行入高丽渤海道,三曰夏州塞外通大同云中道,四曰中受降城入回鹘道,五曰安西入西域道,六曰安南通天竺道,七曰广州通海夷道"。多条唐朝与外国相通的通道,第五安西入西域道就是走楼兰的丝绸之路南道。

又"北庭大都护府,本庭州,贞观十四年平高昌,以西突厥泥伏沙钵罗叶护阿史那贺鲁部落置,并置蒲昌县,寻废,显庆三年复置,长安二年为北庭都护府""蒲昌,中。本隶庭州,后来属。西有古屯城、弩支城,有石城镇、播仙镇",蒲昌即罗布泊,西边有古屯城(米兰?)、弩支城(瓦石峡)两个城和石城镇(若羌)、播仙镇(且末)两个镇。

"贞观……八年……十二月辛丑,特进李靖为西海道行军大总管,侯君集为积石道行军总管,任城郡王道宗为鄯善道行军总管,胶东郡公道彦为赤水道行军总管,凉州都督李大亮为且末道行军总管,利州刺史高甑生为盐泽道行军总管,以伐吐谷浑",其中盐泽就是罗布泊,在公元634年,利州刺史高甑生曾组织罗布泊周边的鄯善兵马与其他地方的兵马一起攻打吐谷浑。"张守珪,陕州河北人。……以平乐府别将从郭虔瓘守北庭。突厥侵轮台,遣守珪往援,中道逢贼,苦战,斩首千馀级,禽颉斤一人。开元初,虏复攻北庭,守珪从傶道奏事京师,因上书言利害,请引兵出蒲昌、轮台夹击贼",在公元712年张守珪曾带蒲昌、轮台兵夹击侵犯北庭的突厥,表明罗布泊地区在唐的有效控制下。

《宋史》记载"沙州本汉敦煌故地,唐天宝末陷于西戎。大中五年,张义潮以州归顺,诏建沙州为归义军,以义潮为节度使,领河沙甘肃伊西等州观察、营田处置使。义潮入朝,以从子淮深领州事。至朱梁时,张氏之后绝,州人推长史曹义金为帅。义金卒,子元忠嗣。荆南显德二年(公元955年)来贡,授本军节度、检校太尉、同中书门下平章事,铸印赐之。建隆三年加兼中书令,子延恭为瓜州防御使",即在唐宣宗大中五年(公元851年)八月,张议潮兄张议潭入朝,献沙、瓜等十一州图籍,宣宗以张议潮为归义军节度使。宋朝还曾管到了沙州(敦煌),宋太祖建隆三年(公元962年)子延恭为瓜州防御使。显然宋朝时期已失去对西域包括鄯善的控制。

据《元史》记载,元曾占据欧亚大陆大部地区,整个西域新疆都在版图内。成吉思汗死后,窝阔台一系曾继任大汗,但贵由汗死后,汗位转到拖雷系。蒙哥当选大汗后,窝阔台后裔

第7章 罗布泊地区交通路线及其变迁

逐渐失势。海都作为窝阔台汗的孙子,对汗位旁落不满。蒙哥汗死后,忽必烈在汉族儒家士子支持下占据漠南中原地区自立为汗,海都支持阿里不哥与忽必烈争位失败后,仍想争夺蒙古帝国大汗宝座。至元五年(1268年),海都正式发动叛乱,并建窝阔台汗国。至元十二年(1275年),窝阔台系诸王禾忽沿塔里木沙漠南缘进至蒲昌海一带,切断元朝通向巴达黑伤山地的驿路,这导致贸易路线中断,商队无法正常通行,严重影响丝绸之路的贸易运输。大德五年(1301年),元成宗在合剌哈塔之地打败海都与都哇联军,都哇受伤,海都受伤而死,大德十年(1306年)海都之子察八儿率部归顺元朝,西北诸王的叛乱最终被平定。罗布泊西岸发现的元明时期大面积绿洲和灌渠耕地(秦小光等,2023),可能正是这个时期屯戍留下的,也暗示南道和楼兰道可能都还在使用。

综上,南道两条路线的关键节点和方向如图 7.1.1 所示。

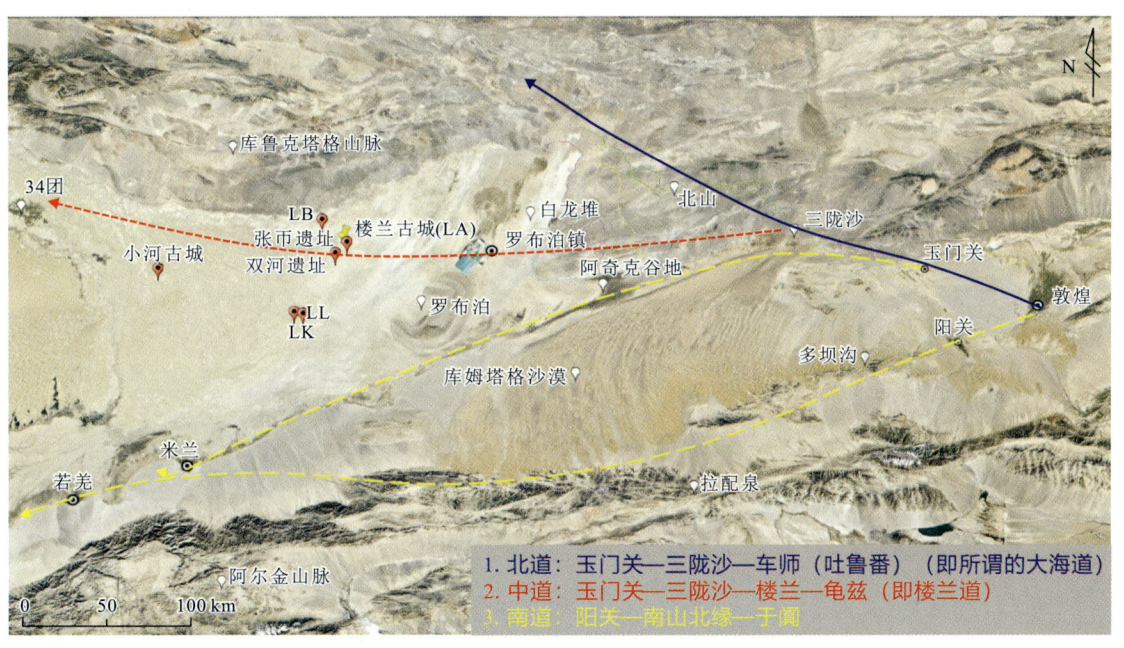

图 7.1.1　历史记录显示的古道路走向与部分位置节点

总体上,史书对南道具体走法记载不够翔实。阿奇克谷地作为连接罗布泊湖区和库姆塔格沙漠的重要地区,是古道最可能通过的地方。

笔者团队在 2014—2019 年的"罗布泊地区自然与文化遗产综合科学考察"项目中基本确定了罗布泊地区几条古道的具体位置和走向,包括楼兰道、阿奇克谷地南岸古道、阳关道、山南道、湖西道、河间道和大海道等几条古道系统(图 7.1.2),发现并确定了敦煌—楼兰、鄯善的古道网络,包括规模宏大的楼兰道及其伴随的沙西井古城,还包括在阿奇克谷地南岸古道沿途发现的阿奇克谷地东南驿站,基本确定了丝绸之路南道的位置延伸(图 7.1.2)。

105

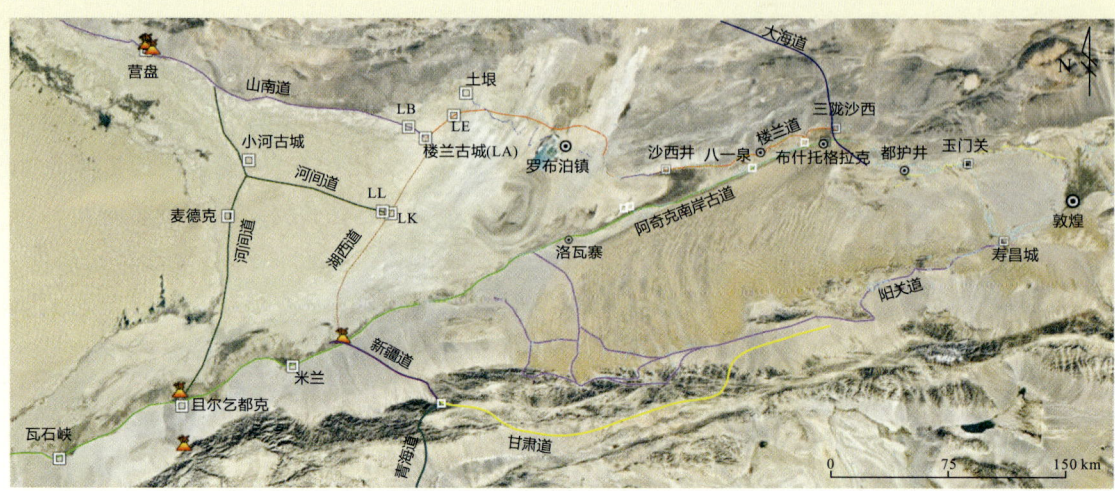

注:青色线代表古道;橙线代表楼兰道;浅绿线代表阿奇克谷地南岸古道;浅紫线代表阳关道;深紫线代表山南道;深绿线代表河间道;橙色三角点代表烽燧;方块代表遗址;黑心圆代表地名。

图 7.1.2 罗布泊地区古丝绸之路主要古道位置图

7.2 阿奇克谷地气候与地质环境背景

阿奇克谷地位于阿尔金山与北山之间,曾是古罗布泊湖向东的延伸部分,南接库姆塔格沙漠。该谷地走向为北东—南西向,东西长约 150km,南北宽 20~30km,整体上西宽东窄,西低东高,高差约 30m(图 7.2.1)。

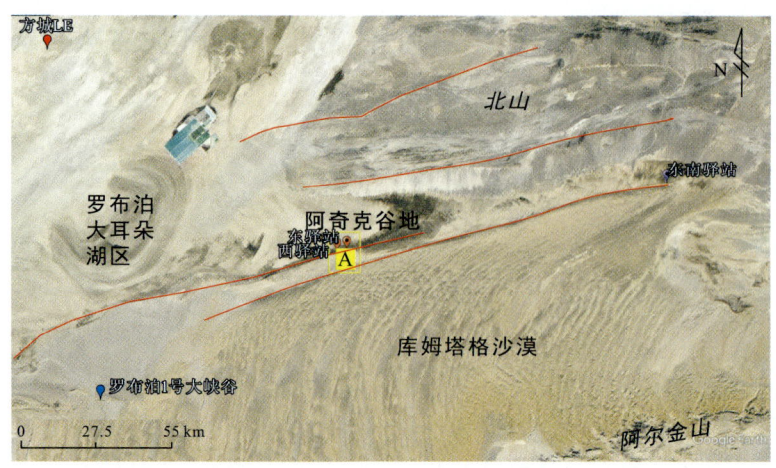

注:红线指示断裂延伸方向。

图 7.2.1 阿奇克谷地地理位置及主要断裂分布图(底图源自 Google Earth)

阿奇克谷地是一个典型的构造谷(王永等,2001),是由南侧阿尔金山北部山前断裂和北侧因克卡拉塔格大断裂共同作用形成的地堑谷。阿尔金山北部山前断裂分布于阿尔金山北缘,是一组具有逆冲性质的左旋走滑活动断裂,活动性很强,在地貌上是清楚的北东东向笔直断层陡坎,长达百余千米。在阿奇克谷地,可以观察到谷底与库姆塔格沙漠前缘具有50~100m的落差,显示由南向北的逆冲走滑断层性质。因克卡拉塔格大断裂也呈北东东向展布,为陡倾、向南逆冲断层(夏训诚,2007;舍建忠等,2020),是一条自晚新近纪以来仍在活动的断裂构造,反映在现代地貌上多为断层崖(图7.2.2)。

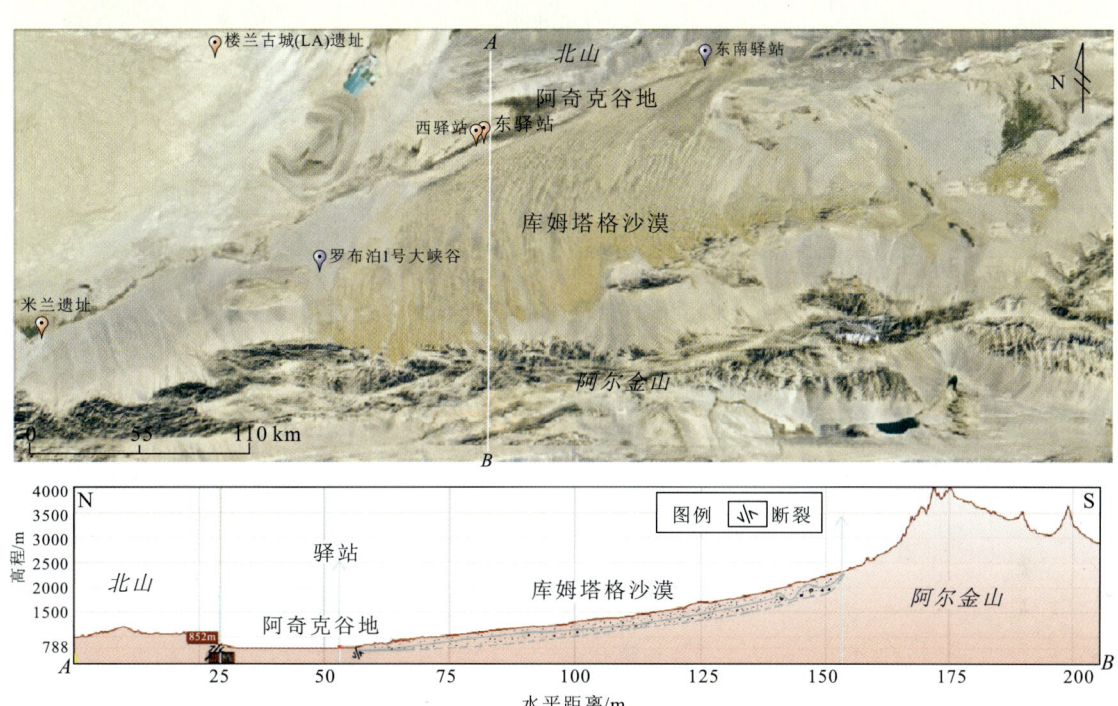

图 7.2.2 阿奇克谷地及北山—阿尔金山地形横剖面示意图(底图源自 Google Earth)

受构造作用影响,阿奇克谷地的地貌整体东高西低,西部开阔而东部变窄。阿奇克谷地西部地貌主要分为三部分,北侧为北山山麓洪积扇被风蚀后形成的台地;中部谷底西部为古湖区盐壳,中部谷底东部为沙地,生长了大量芦苇、红柳植被;南岸依次为被风沙覆盖的多个古洪积扇和风蚀戈壁滩,且断裂导致南岸的多期古洪积扇呈叠覆状分布(图7.2.2)。阿奇克谷地的显著地貌特征是大面积雅丹群,主要集中于南北两侧。北部台地高20~50m,台地边缘的雅丹高10~20m;中部谷底有孤立雅丹和小部分成群的雅丹,高度在几米至十几米不等;南部库姆塔格沙漠北缘有成排的梁状雅丹,多数高15~30m。它们的共同特征是出露地层为松散的(半固结)风成和河湖相砂泥质沉积。阿奇克谷地的植被为典型的荒漠植物,如芦苇、骆驼刺、红柳等(张天汉等,2016),植被主要分布在该谷地腹地,呈现为红柳沙包、草丛沙堆和盐碱化草滩景观(图7.2.3)。

过去两千年罗布泊人群生存环境与路网变迁

注：a区为古湖区无植被的盐壳，对应图A；b区为阿尔金山北部山前断层所在位置，芦苇生长茂盛，对应图B；c区为风蚀区，有许多古河道成因的垄状高大雅丹，植被较稀疏，对应图C；d区为植被茂密的红柳沙包，对应图D。

图7.2.3 阿奇克谷地西部（图7.2.1中A区驿站周边）的植被分区及地表沉积物类型分区（底图源自Google Earth）

第7章 罗布泊地区交通路线及其变迁

7.3 丝绸之路南道遗迹遥感和野外基本特征

古道在遥感影像上表现为连续的、整体东西走向的线状地物。由于洪水、风蚀的破坏，古道中间段局部难辨，不过总体上的连续性好，可以被追踪。在遥感影像中，古道与其他线状地物的区别如下。

(1) 古河道。罗布泊地区降水稀少，河流基本由来自山上的洪水形成。因此古河道延续不长，且多为南北走向。

(2) 湖堤。罗布泊古湖岸线最显著的代表就是大耳朵状环形线，然而罗布泊湖面并未到达过阿奇克谷地东部，尤其是三陇沙附近。古道线状地物的延伸也与湖岸线的近环状不同。

(3) 断裂。古道线状地物的蜿蜒延伸不同于断裂的直线分布，且有多条小岔路。

(4) 现代车辙。古道与现代双轮车辙有明显差异。古道表现为单线痕迹的地表浅槽，而车辙是两条车轮线。

在阿奇克谷地南岸一直都有发现五铢钱、铜器残片的报道，但没有发现大型、正规的道路痕迹。通过遥感解译和野外考察，大致可以确认只存在不稳定、变化大、窄而小、由行人走踏出来的古道路网，其遥感图像特征表现为很多断续的线状地物，一般宽度都小，呈弯曲网状，稳定性不如北岸的楼兰道。大多数道路表现为地表浅槽，由很多宽仅1m左右的小路构成，整个古道是由细窄道路交织、穿插组成的路网，并不像楼兰道那样由一条宽达8~10m的主干道路构成。它更像是踩踏而成的通道，与谷地北岸的楼兰道相差很大。

该古道东端在布什托格拉克一带，向东越过一道宽1~2km的沙梁(库姆塔格沙漠)后，与东侧沙地里的古道痕迹相呼应。沙梁是库姆塔格沙漠南部主体与东北方三陇沙之间的连接沙带。显然从玉门关西出后，如果不走北部的三陇沙—楼兰道路线，向西就可以直接翻越沙梁，走阿奇克谷地南岸，这首先要经过的地方就是布什托格拉克。

从阿奇克谷地东南驿站向西，古道基本是沿南部高台地北侧延伸，均在芦苇沙地内。这里地势平坦，芦苇茂密、可供驼马取食，沙地也便于驼马行走，沿途还有多处便于打井取水的洼地(图7.2.3)。乱岗一带岗地周边都是戈壁砾石滩，这里的古道与现代双轮车辙有明显差异，也都是单线痕迹，地表为浅槽，与敦煌瓜州地区的大多数古道相似，而且这些古道均选便于通行的山口、山脊通过，表现出路线的人为选择特点。

再向西经罗布泊大峡谷的洪积扇前缘，该古道继续沿洪积扇台地与罗布泊湖区的陡坎西延，从大耳朵罗布泊南侧通过后指向米兰。由于近代人类活动较多，自罗布泊南缘以西的古道难以与近代道路区分，米兰以西的古道相对稀少。这并不等于没有古道，相反因米兰遗址、若羌石头城、且尔乞都克遗址等的存在，表明沿阿尔金山前洪积扇北缘存在一直向西的古道。

整个古道的基本特点表明它多是靠人马走出来的道路。虽然古道宏观延伸有基本稳定的走向和位置(地貌条件限制),但具体延伸细节却表现出随机性,不够平直、缺乏规划,也没有明显的主干,远不如楼兰道和玉门关—阳关古道。这条古道与玉门关—三陇沙一带的古道相似,也与楼兰道附近戈壁滩上的小道类似,属于人走出来的道路。

总体上,阿奇克谷地南岸古道表现为一条长约150km的线状道路,是由细窄道路交织、穿插组成的路网,大多数道路表现为地表浅槽,由很多宽仅1m左右的小路构成(图7.3.1)。该道路因芦苇茂密、风沙掩埋,痕迹并不明显。它并非楼兰道那样的大路,未被大规模修缮过,是来往人员在野地里自由通行后、长期踩踏形成的道路。

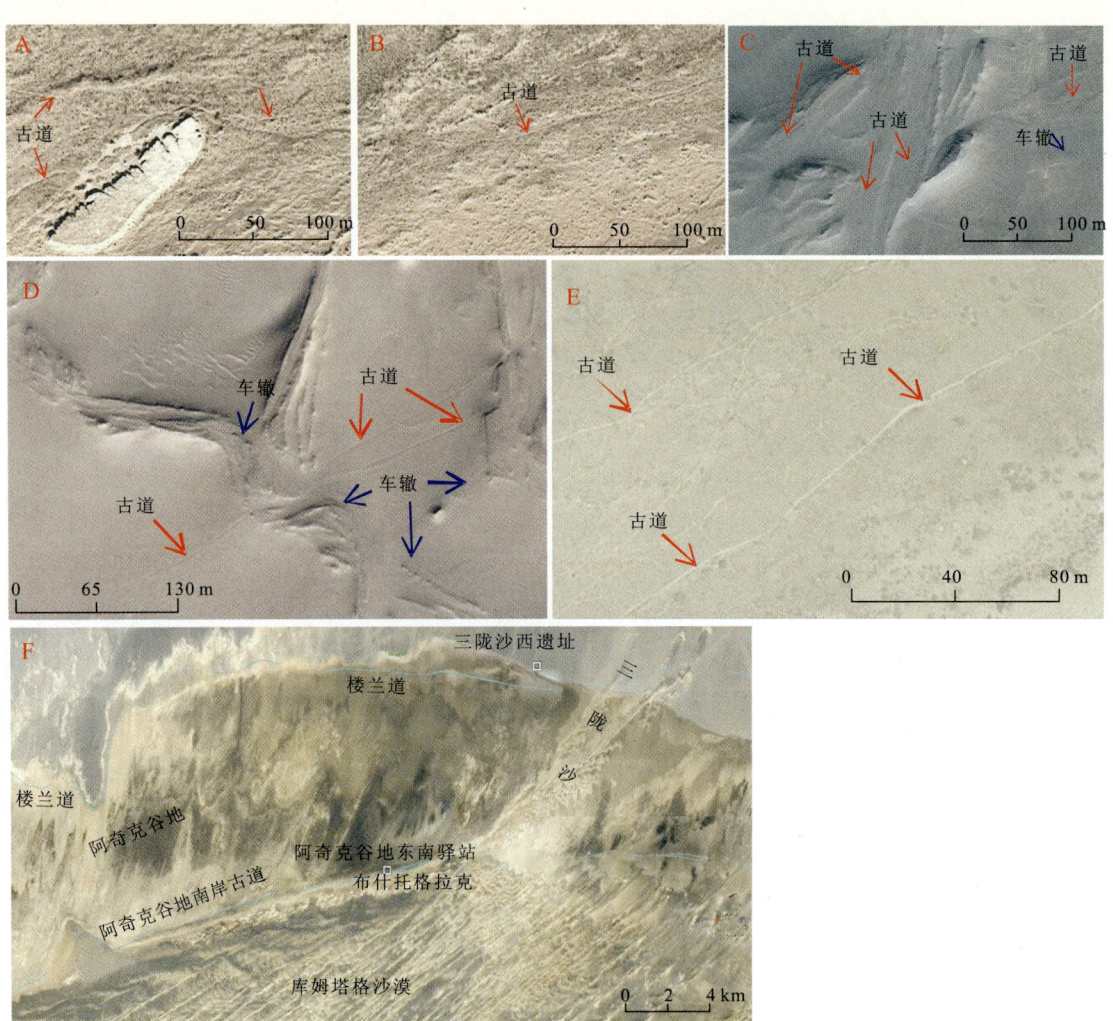

注:图中古道均为长为1m左右的踩踏道路。

图7.3.1 阿奇克谷地南岸古道遥感图像

A.沙地里绕雅丹的古道浅槽;B.沙地中的古道;C、D.乱岗古河道戈壁滩上翻越岗地的古道浅槽与车辙;E.沙地中不平直的古道;F.根据遥感影像绘制的丝绸之路南道东段路线图

7.4 丝绸之路南道——阿奇克谷地南岸古道沿途遗址

在"罗布泊地区自然与文化遗产综合科学考察"项目成果基础上，笔者团队后续在2020—2024年期间多次进入阿奇克谷地，通过遥感影像、野外调查等方法寻找古道及其沿途驿站遗迹，采集遗物、建筑中植物残体、灰坑炭屑等样品确定丝绸之路古道的年代。在丝绸之路南道阿奇克谷地南岸的古道沿途发现一座"回"字形古城和4处驿站遗址，在红柳沟南沟口发现一处明清时期成堡，确定了阿尔金山脉地区甘肃道、青海道、新疆道的存在，填补了丝绸之路南道罗布泊地区的拼图空白。

尽管新发现的驿站只遗留外墙墙基和部分设施墙基，但高于地面的凸起埂十分明显，埂直线延伸且整体构成形状较规则，有明显的空间设计感。在驿站附近的雅丹上有几处明显的人工建筑，它们与雅丹本身地层的区别为：①雅丹地层水平叠覆，而人工墙是无序码放的土块，且夹杂着植物残体；②雅丹顶部原始河流砾石层散布在整个雅丹顶，而人工堆叠石堆砾石非常集中；③人工建筑遗址和其附近能发现遗物。

在空间展布上，阿奇克谷地南岸古道东端在布什托格拉克一带，即库姆塔格沙漠与阿奇克谷地最东端三陇沙间的连接沙带附近。在驿路周围发现4处人工建筑，推断为驿站，它们均靠近古道，且周围有高大雅丹。在雅丹顶部发现多处哨卡遗迹。在布什托格拉克近三陇沙的一处大雅丹下有一处院落居址遗迹，命名为东南驿站。从东南驿站出发，古道沿谷地南岸南部高台北缘向西延伸。先有一处三道方形城墙围成的"回"字形古城，其东南百米处有一处疑似驿站，驿站中间地上有残留的盐胶结灰烬，古城东1~2km处有疑似古墓群。再向西，在乱岗雅丹附近有2处驿置建筑遗址，命名为东驿站和西驿站。高台北缘是古洪积扇的边缘，现为地形平坦的沙地，便于行走。古道再向西经过罗布泊大峡谷的洪积扇前缘，继续沿洪积扇台地与罗布泊湖区的陡坎西延，从罗布泊大耳朵湖区南侧通过后通向米兰（图7.4.1）。以下逐一介绍各遗址情况。

7.4.1 阿奇克谷地东南驿站

在谷地最东端、靠近三陇沙的布什托格拉克附近，一处大雅丹下有院落居址遗迹，即东南驿站（图7.4.2）。这处居址只有墙基留下。残墙墙体是用盐壳化的土块砌成，直接砌在沙土上，有的地方先在沙土上垫放一层芦苇，再在上面砌墙，墙体没见土坯。从整体上看，这是一处方形院落，南北约41m，东西约32m；中间有一排南北向排列的房舍，7~9间。南侧第1间东墙正中有门，第2间东北角有火塘灰坑；第3、第4间是套间，中间墙有门，大门在第

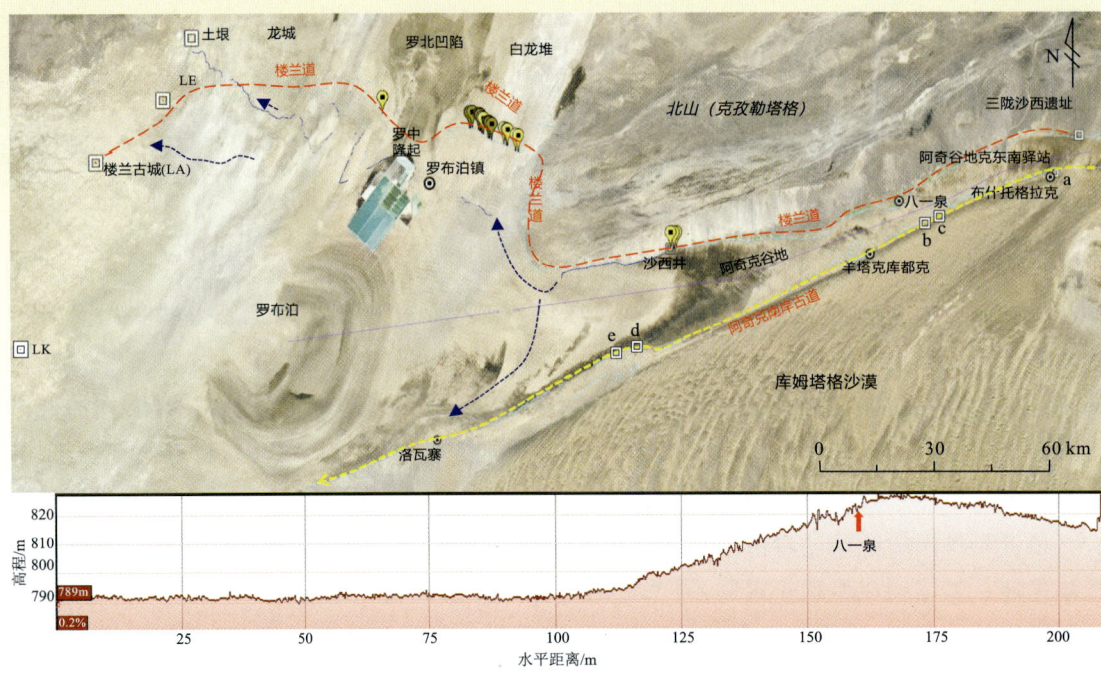

注：红虚线.楼兰道；黄虚线.丝路南道；青线.古道；a.阿奇克谷地东南驿站；b."回"字形古城；c.古墓群；d.乱岗东驿站；e.乱岗西驿站。

图 7.4.1　阿奇克谷地南岸古道沿途驿站古城遗址分布及地形横剖面示意图

图 7.4.2　阿奇克谷地东南驿站

A.驿站周边景地貌环境；B.驿站院落正视图；C.驿站房墙残基；D.泥盐块残墙下的芦苇垫层；E.院墙下部的芦苇垫层；F.开元通宝铜钱残片

第7章 罗布泊地区交通路线及其变迁

4 间的北墙正中；第 5 间是大屋，可能是客厅，其北侧是两个套间屋。房舍东侧院落较大，可能用于停放马匹、物资，似还有 2~3 间房舍，西侧则是较窄的院落，可能用于储存物资。院门在东墙北端，西墙北端也有一个豁口，可能是院门。东侧有土台，可能是房基，也可能是装卸东西的土台(图 7.4.3)。东南约 50m 外的高大雅丹提供了一处便于观察远方来人的瞭望点。

遥感图像显示，在房址北侧约 70m 处有小路通过，野外道路痕迹并不明显(芦苇茂密、风沙掩埋等因素)。显然这条路并非楼兰道那样的大路，未被大规模正式修缮过，最多就是来往人员在野地里自由通行。

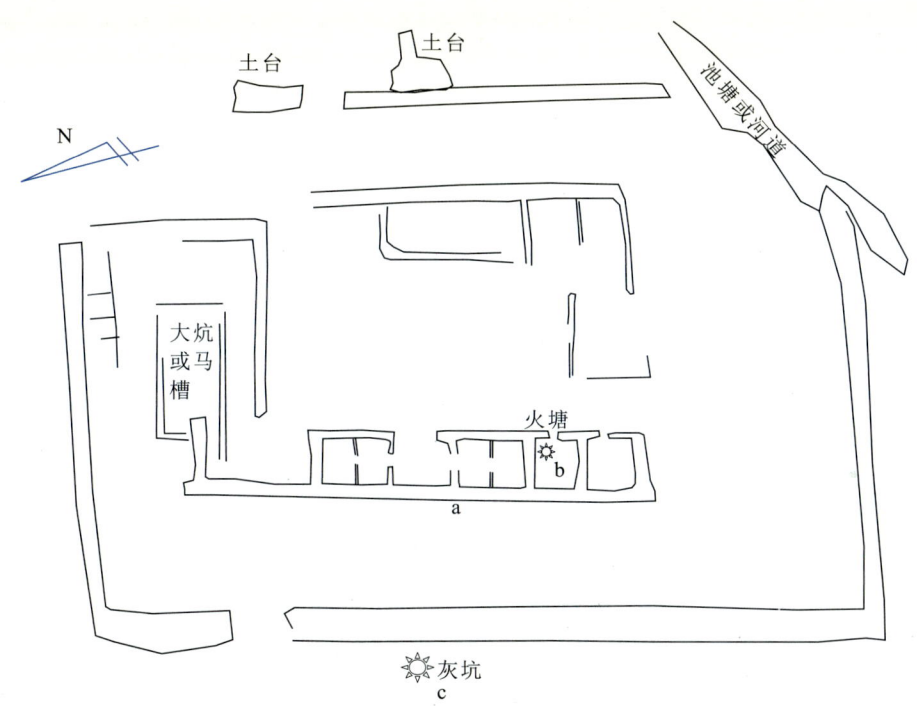

注：a 表示墙基芦苇采样点；b 表示屋内火塘炭屑样采样点；c 表示西墙外灰坑炭屑采样点。
图 7.4.3　阿奇克谷地东南驿站平面结构和测年样品位置图

从院墙下芦苇垫层、房间内火塘和西墙外灰坑等处采集 3 个样品，并测定碳十四年代，测年结果见表 7.4.1 和图 7.4.4。拟合校正后的碳十四年代主要分布在 400~790CE(2σ 范围)，显示该驿站大致始于东晋末期，直到唐中后期。结合《魏略》和《新唐书》的记载，阿奇克谷地南岸的这条古道应该早在汉时就已存在，南北朝时期修建了该驿站，直到唐朝时期都在使用。

表 7.4.1 阿奇克谷地东南驿站的碳十四测年数据

序号	实验室编号	碳十四年龄/BP	测年材料（样品编号）	位置	拟合年龄(2σ)
1	Beta-494778	1360±30	芦苇(17L89)	东南驿站院墙底部的芦苇垫层	606~626CE (5.6%) 636~690CE (81.4%) 742~772CE (8.4%)
2	Beta-705621	1590±30	炭屑(24-7-11-1)	东南驿站西墙外灰坑	420~554CE (95.4%)
3	Beta-705648	1460±30	炭屑(24-7-11-2)	东南驿站房间内火塘	564~650CE (95.4%)

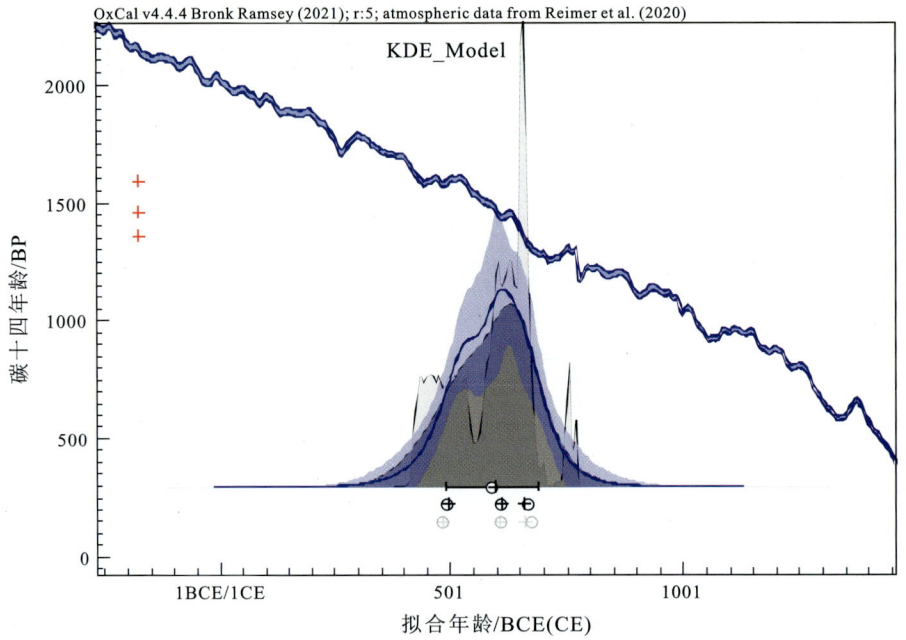

图 7.4.4 阿奇克谷地东南驿站碳十四年代数据的拟合校正结果

7.4.2 "回"字形古城、驿站与五环遗址

在八一泉东南约8km的沙地中,存在一处由三道城墙围成的方形遗址。外城南墙长约200m,西墙长约176m,北墙长约190m,东墙不清晰(图7.4.5)。中城墙南墙长约146m,西墙长约105m,北墙与内城墙合并,东墙同样不清晰,隐约有延伸。内城墙南墙长约67m,东西墙均长约73m,北墙长约72m。根据其结构特征,这里称它为"回"字形古城。

第7章 罗布泊地区交通路线及其变迁

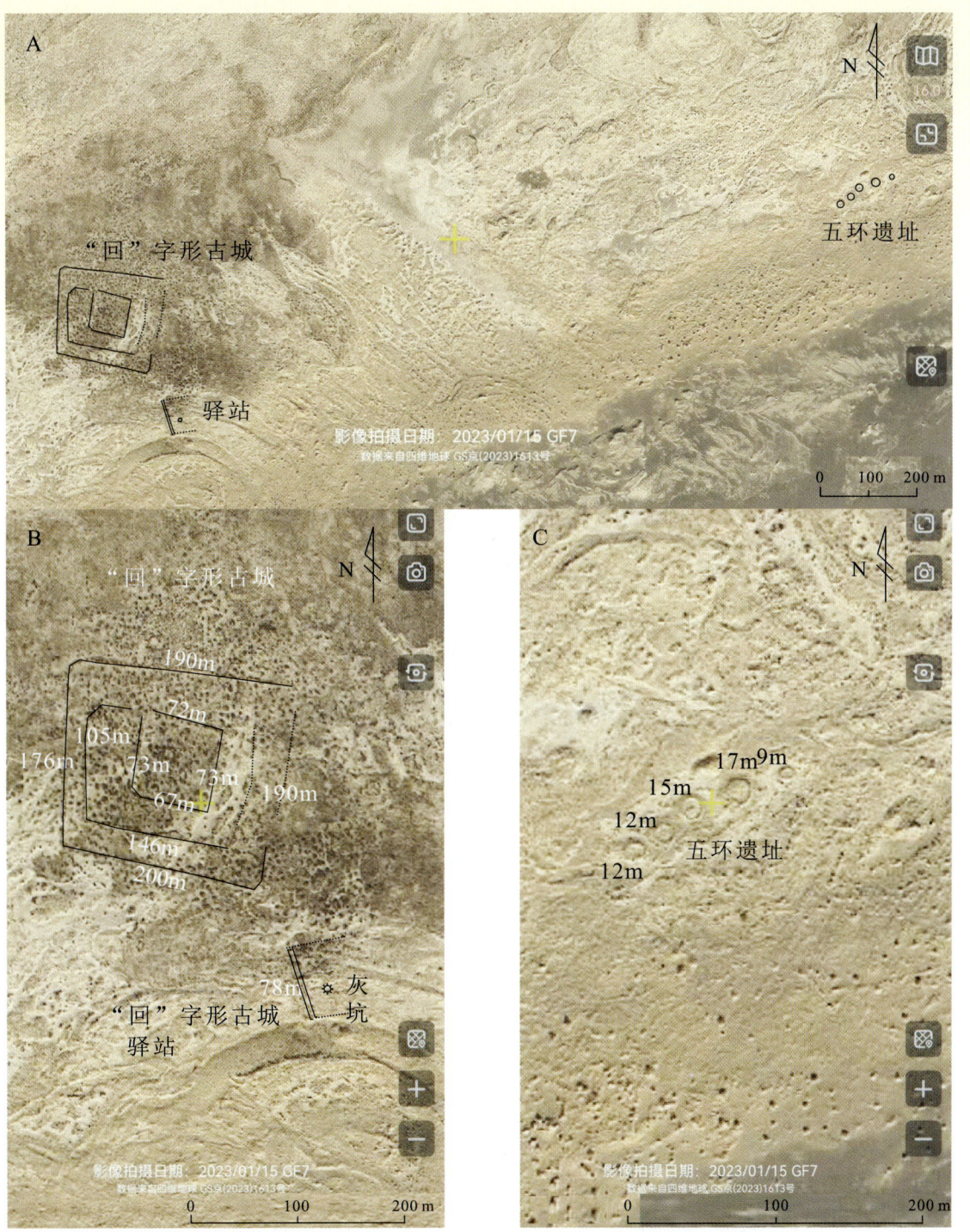

图 7.4.5 阿奇克谷地东南驿站平面结构（底图源自四维地球）
A."回"字形古城、驿站和五环遗址空间分布图；B."回"字形古城和驿站；C.五环遗址

"回"字形古城所在地为沙地,现在地表盐壳化,地面生长着茂密的芦苇植被,发育很多芦苇构成的小沙包。每道城墙实际表现为高出地表1~1.5m的芦苇沙梁正地形,宽不足2m。由于芦苇根系发达,加上流沙覆盖,在野外很难分辨城墙的建筑结构。北外墙在遥感图像上清晰,实地野外不明显,但西北角弧形拐弯明显,为一道高约0.5m、宽约2m的土坝基,可能有角楼。西外墙与中墙均为连续土梁,保存较完好。内城墙保存较好,城内的小白方块是不长草的白沙地,沙地四周为芦苇沙垄;虽然因流沙覆盖看不到人工建筑痕迹,但团块状表土显示可能为人工堆土,似乎是居址遗迹。中城墙东墙与内城墙之间有洼地,洼地内发现灰陶陶片,陶片表面有旋纹,显示是采用轮制法制作而成的,进而推测洼地可能当时就存在,陶片可能是取水时破碎留下的(图7.4.6)。

图7.4.6 "回"字形古城与古城东南驿站照片

A.旋纹灰陶片;B."回"字形古城内城西墙土梁外侧;C."回"字形古城中城南墙土梁外侧;D.内、中城东墙间洼地(发现灰陶片处);E.内城西墙内的团块状人工堆土;F.古城东南驿站内灰坑

从总体上看,该古城的城墙建筑得很粗糙,城墙宽度较小,甚至不如楼兰道上的沙西井古城(秦小光等,2023),没有达到足以形成墙上行走步道的宽度。城内没有明显的房舍遗迹。由于地表流沙覆盖,且芦苇茂盛,除灰陶片外未发现其他遗物,也没有采集到适合碳十四测年的材料。未发现木构件,可能与整个阿奇克谷地木本植物较少有关。古城东面的城墙不明显,似乎没有认真修筑,还有积水洼地,显示古城可能向东开门,具有对西防御态势。

在"回"字形古城东南约100m处的河岸台地上(高约1m)发现古城东南驿站。在遥感

第7章 罗布泊地区交通路线及其变迁

图像上,西院墙较明显,长65m左右,北面、南面、东面的院墙不明显。驿站地面遗迹不明显,远不如阿奇克谷地东南驿站和乱岗东西驿站显著。在驿站中间一处宽7～8m、长约15m的菱形洼地内发现灰坑(图7.4.6F),灰坑厚约10cm,其中炭屑已被盐胶结。

在"回"字形古城东面约1.5km处存在一组环线遗址,在其中至少可确认5座环形结构(图7.4.5C)。其直径8～17m不等,环为宽约1m、高约0.5m的沙堤,环内是略低的洼地,洼地中间多有一个高约0.6m的沙堆。最东侧的环最小,为圆沙土台,直径约8m,台高0.5～0.7m,中间为直径约3m的圆形沙丘(图7.4.7)。环内无动物粪便遗留,可以排除动物圈所。在一个环内清理沙丘剖面(约60cm深,上部沉积物为白色沙,下部沉积物为偏红色沙),未有其他具指示意义的发现。这些圆环均位于河道沟槽边的台地上,环形沙垅具有避水特点,表明其位置是特意选择的,具有明显人为属性。它们距"回"字形古城不远,推测它可能是墓葬遗迹(这里称为五环遗址),且尚未被破坏。此外,该遗址附近地表有河道和淡水积聚,可支撑人群生存,暗示当时的环境比现在更为潮湿,且水草丰美。

图7.4.7 "回"字形古城东疑似墓葬遗迹

7.4.3 乱岗东驿站遗址

乱岗东驿站遗址所留人工建筑位于阿奇克谷地南岸古道南侧。平面呈长方形,南北长约41m,东西长约36.7m。与乱岗西驿站不同,在乱岗东驿站外侧的方形墙体更加规则,内有两道房屋内部分割墙清晰可见,表明此人工建筑含房屋,更适合士兵驻扎(图7.4.8)。该驿站西北角略有凸出部,可能是角楼。有支道从北侧古道主路分出通至驿站东侧大门。

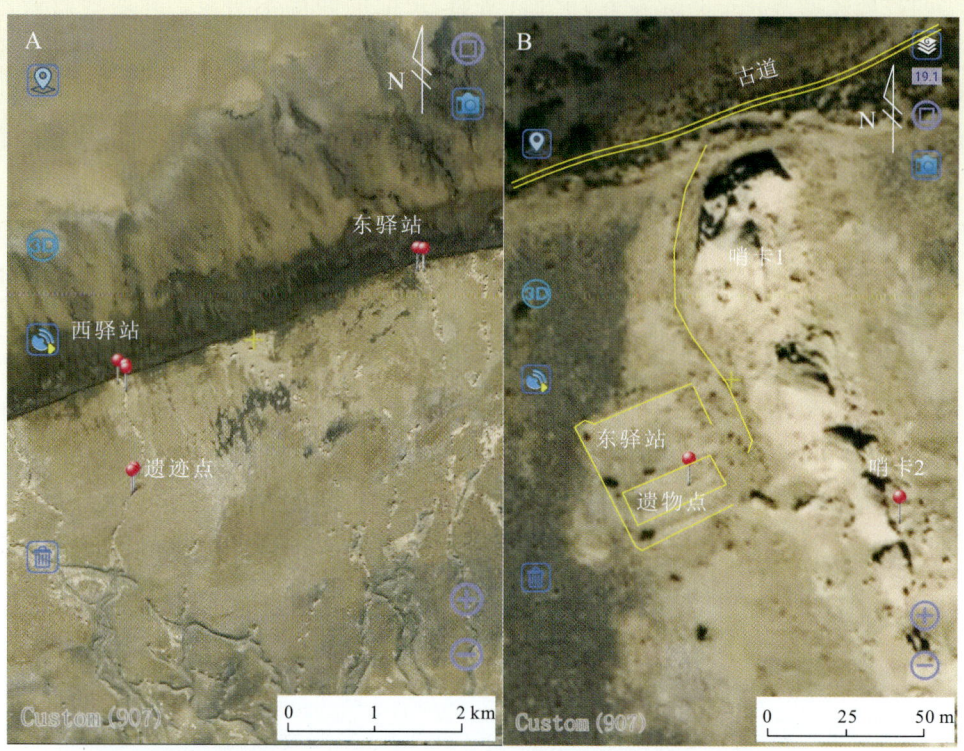

图 7.4.8 乱岗东驿站遗址和哨卡位置（底图源自四维地球）
A.东驿站与西驿站的相对位置；B.乱岗东驿站及其哨卡位置

乱岗东驿站遗址地面盐壳化情况较乱岗西驿站更为严重（图 7.4.9）。与乱岗西驿站相比，乱岗东驿站离古道稍远，有小路连接（图 7.4.8B）。其东侧有高大雅丹，岩性以粉砂黏土为主，在雅丹顶部分布许多砾石。雅丹南北延伸形成雅丹垄。

图 7.4.9 乱岗东驿站地面盐壳景观
A.乱岗西驿站遗址；B.乱岗东驿站遗址

第7章 罗布泊地区交通路线及其变迁

乱岗东驿站残墙表现为高于地面的连续性埂状垄，高 30~50cm，宽 0.5~3.5m，质地为砂土质，为原砂土质围墙的残基（图 7.4.10A、B）。

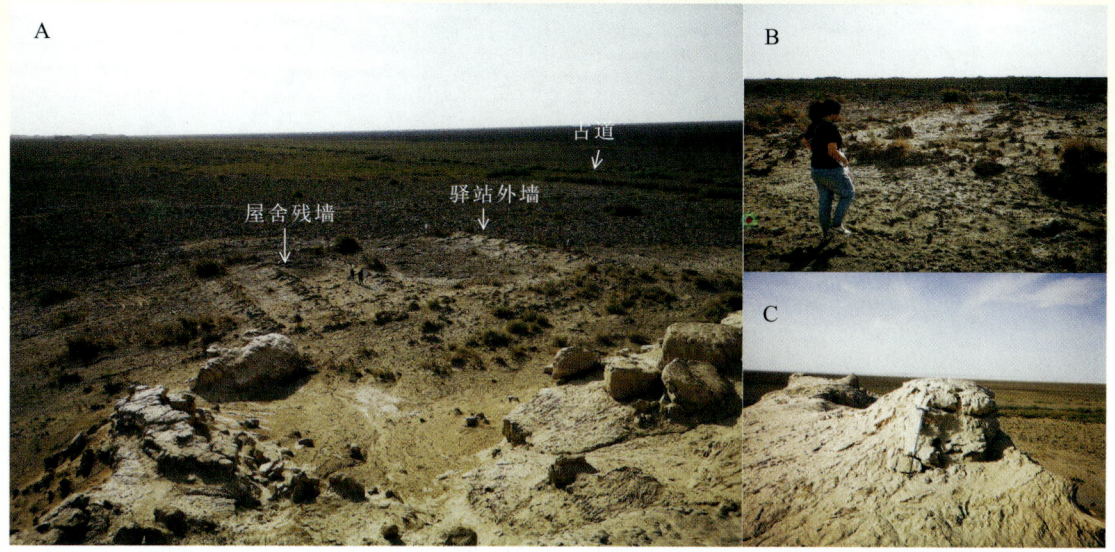

图 7.4.10　乱岗东驿站遗址的残存墙体
A. 乱岗东驿站遗址；B. 乱岗东驿站残墙；C. 乱岗东驿站哨卡 1（残高约 1m）

房屋在乱岗东驿站整体呈正方形的园区中偏南位置（图 7.4.10A），北侧院落较大，可能用于停放马匹、物资，南侧则是较窄的院落，可能用于储存物资，与阿奇克谷地东南驿站形式基本类似。因地表盐壳化严重，未辨识出像阿奇克谷地东南驿站那样清晰的房屋内部分割墙。

在乱岗驿站东侧南北走向的雅丹岗上发现有哨卡遗迹，编为哨卡 1 和哨卡 2，分别在东偏北方向约 89m 处和东偏南约 55m 处。其特征为雅丹顶部人工堆置的土块，残余部分略少于西驿站，土块岩性与周围岩性一致，为就地取材（图 7.4.10C）。

乱岗东驿站发现遗物（图 7.4.11）如下：

(1) 铜器残片。其外表呈氧化后的灰绿色，略有弧度，为较大器物的破碎残片（图 7.4.11B）。

(2) 铜钱一枚。直径约 2.4cm，呈氧化后的青绿色。外圆内方，表面可见 4 个大字，但已无法辨识，只留每个字的大体形态（图 7.4.11C）。在与历史上各代发行钱币对比后，确定此为一枚开元通宝。

归纳乱岗东驿站的主要认识如下：

(1) 乱岗东驿站遗迹由北部放置物资和牲畜的大院和南部房屋构成，比乱岗西驿站更适合人员驻扎。

119

图 7.4.11　乱岗东驿站遗址与遗物

A.发现遗物的地理位置(底图源自四维地球);B.铜器残片;C.铜钱

(2)开元通宝于武德四年(公元621年)开始使用,乱岗东驿站在唐朝时期是一处重要驿站。

(3)乱岗东驿站及其哨卡也拥有长城式防线,哨卡雅丹在驿站东侧,显示防线具有对东防御的特点。

采集驿站坑中炭屑做碳十四测年材料,结果见表7.4.2和图7.4.12。校正后年代主要分布在151BCE~62CE(95.4%概率),表明乱岗东驿站哨卡在两汉时期已经处于使用状态。采集的开元通宝(公元621年启用)表明,乱岗东驿站在唐朝时也处于使用状态。

表 7.4.2　乱岗东驿站遗址的碳十四测年数据

序号	实验室编号	碳十四年龄/BP	测年材料(样品编号)	校正年龄(2σ)
1	Beta-609062	2040±30	炭屑(20210917-10)	151~131BCE(3.0%) 120BCE~62CE(92.5%)

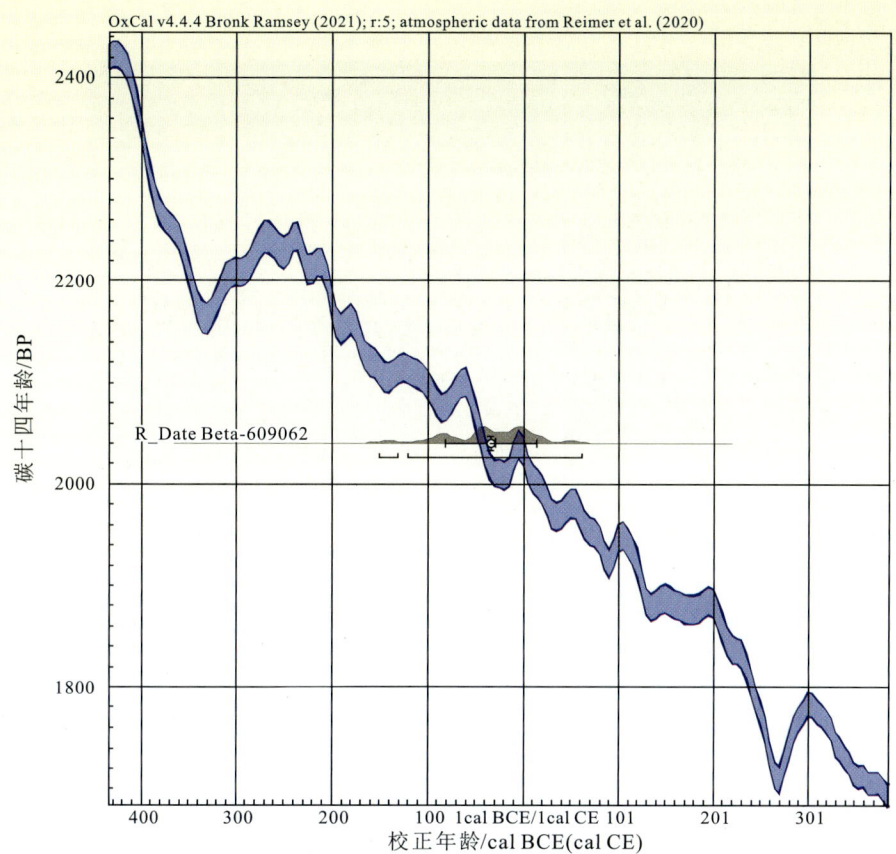

图 7.4.12　乱岗东驿站碳十四年代数据的校正结果

7.4.4　乱岗西驿站遗址

乱岗西驿站遗址位于乱岗东驿站西侧约 3km 处的阿奇克谷地南岸古道南侧。其平面呈近长方形，东西长约 125m，南北长约 72m，院内含红柳沙包地窖，在不远处雅丹上有建筑残基（图 7.4.13）。

乱岗西驿站遗址地表盐壳化程度较高，地表零星生长着矮小的芦苇草丛、灌木和红柳沙包。北侧的古道沿一陡坎的北坎脚延伸分布，植被生长较为茂盛。该驿站东侧紧邻一南北向高大雅丹，雅丹向南延伸形成雅丹长垄，高约 10m，宽 10~12m。雅丹地层岩性以粉砂质黏土为主，顶面上分布许多黑色磨圆度低的砾石，是古河道残留的洪积砾石。

该驿站地面有残墙，表现为高于地面约 0.5m、宽约 1m 的直线连续延伸土埂，质地为砂土质，其上生长较多芦苇、红柳，难以分辨原建筑风格和材料，初步推断为原砂土质围墙的残基，西墙不明显（图 7.4.14A）。整个院落内地面盐壳化较严重，生长着芦苇和红柳等众多植物，院内多骆驼粪。

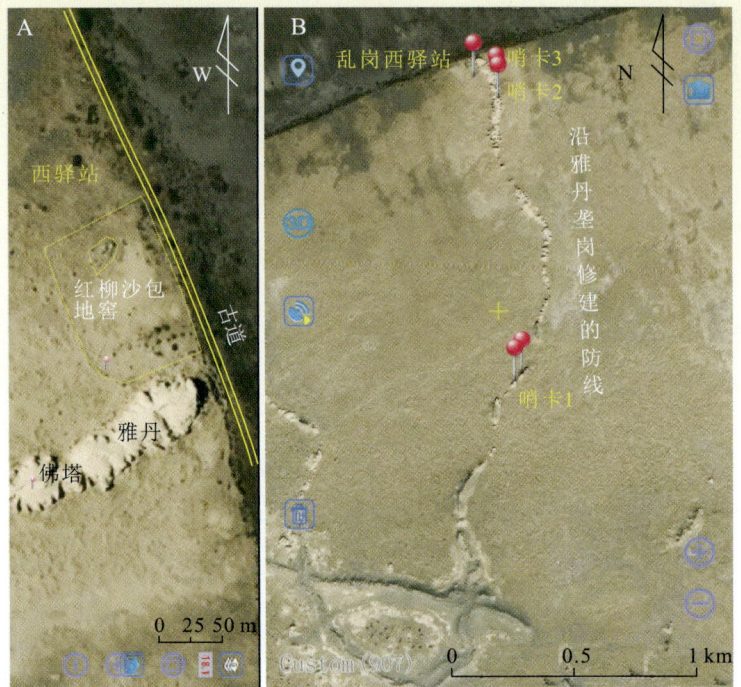

图 7.4.13 阿奇克谷地南岸乱岗西驿站遗址(A)与
雅丹垄岗上的哨卡(B)(底图源自四维地球)

图 7.4.14 乱岗西驿站遗址建筑
A.驿站残墙;B.红柳沙包地窖;C.佛塔残基(在此处发现琉璃珠,旁边有陶片和五铢钱)

第7章 罗布泊地区交通路线及其变迁

在院落西部发现一处红柳沙包地窖,地面表现为红柳沙包,长约12m,宽约8m,质地为红柳和砂土,内部有凹坑,推断为将红柳沙包内部挖空修建的地窖,后因上层塌陷变为凹坑,明显不是自然红柳沙包的原始形态(图7.4.14B)。

在该驿站东侧高大雅丹上,发现一处建筑残基(图7.4.14C),表现为高于地面30~50cm的块状凸起,有许多碎土块,大小不等,土中发现琉璃珠。

7.4.5 乱岗西驿站哨卡

该驿站共发现3处哨卡遗迹,哨卡1~哨卡3均位于乱岗西驿站东侧向南延伸的雅丹岗顶部(图7.4.15)。哨卡2和哨卡3哨卡距乱岗西驿站遗址较近,分别约106m和134m;哨卡1较远,距离约为1.3km(图7.4.13B)。哨卡所占面积不等,小至仅供一人停留,大至4m×6m规格,均是在雅丹顶用土块堆砌边墙建成。墙体保存情况较乱岗东驿站遗址更好,高0.5~1m,宽约0.5m,岩性与周围岩性一致,没有发现顶棚,可能都已被风蚀殆尽。墙体土块间可见草茎和泥沙勾缝,是典型的就地取材型简单土块建筑(图7.4.15B、C)。

图7.4.15 乱岗西驿站哨卡
A.哨卡1墙体;B.哨卡1墙体近景,可见泥沙勾缝;C.哨卡2人工堆放的石块

在哨卡2附近雅丹岗顶发现聚集成堆的大块黑色石块,由于雅丹其余地方未见此类石块如此聚集,判断是人为堆放的。石块大小适合手持,可作为武器使用(图7.4.15A)。

在乱岗西驿站和雅丹顶哨卡发现的遗物(图7.4.16)包括:琉璃珠一粒,发现于建筑残基位置;数块灰陶片,发现于西驿站雅丹位置;铁器残片,发现于西驿站雅丹位置;五铢钱。

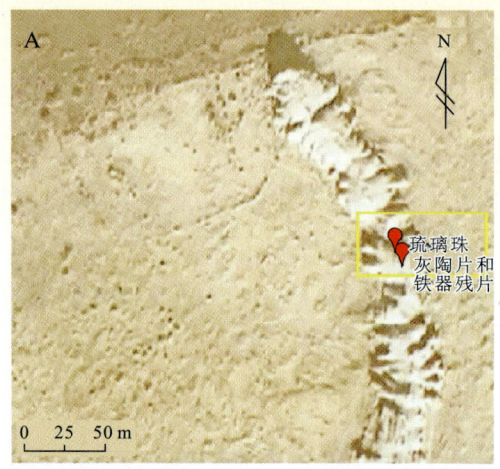

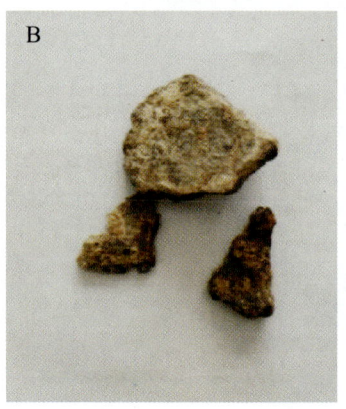 

图7.4.16 乱岗西驿站遗址中的遗物及其发现的地理位置
A.发现遗物的地理位置(底图源自四维地球);B.铁器残片;C.灰陶片

乱岗西驿站遗址方形建筑内未见其他残墙,可能为一宽敞院落,供圈养驿站内或来往商旅的牲畜。红柳沙包地窖可供人居住或者储存物资。疑似佛塔建筑保存情况差,仅留下不完整的基座,但其内部保存的琉璃珠与楼兰古城内的相似,可能是同一时期产物。此外未见其他建筑。

采集哨卡墙体中红柳枝和芦苇叶进行碳十四测年,结果见表7.4.3和图7.4.17。校正后碳十四年代的中值年龄分别为(207±45)CE和(322±44)CE,大致对应东汉晚期至晋朝晚期,表明西驿站哨卡在汉晋时期处于使用状态。

第7章 罗布泊地区交通路线及其变迁

表 7.4.3 西驿站哨卡的碳十四测年数据

序号	实验室编号	碳十四年龄/BP	测年材料	位置	校正年龄(2σ)
1	Beta-605992	1840±30	红柳枝(20210917-4)	哨卡墙体	124~250CE (91.8%) 295~310CE (3.6%)
2	Beta-605993	1740±30	芦苇叶(20210917-5)	哨卡墙体	245~402CE (95.4%)

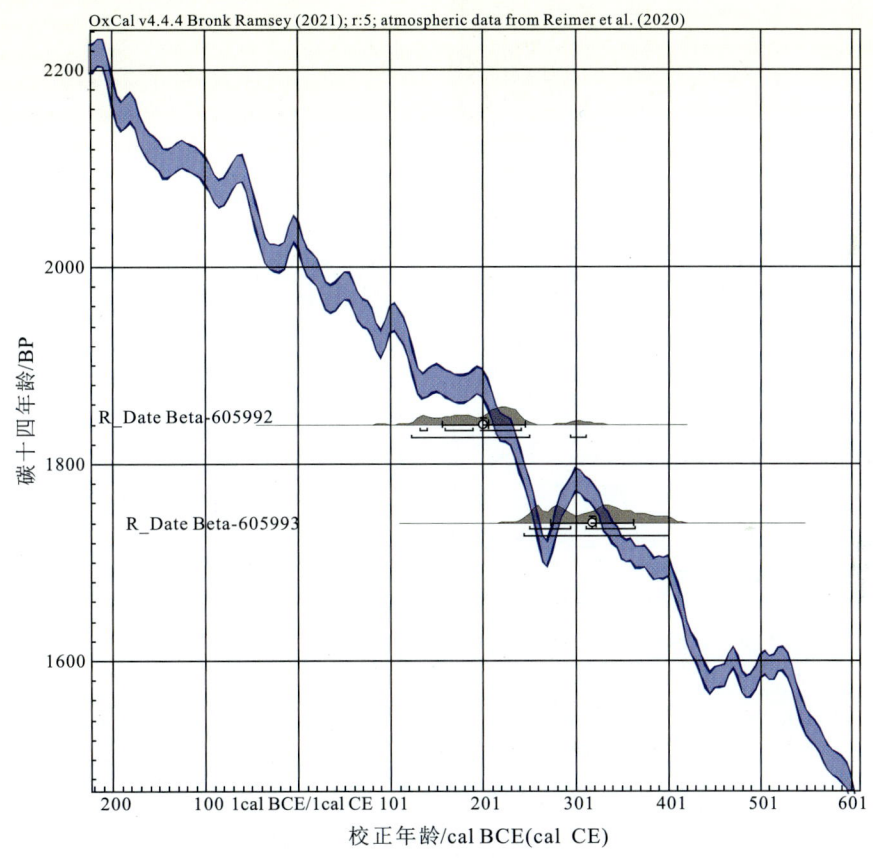

图 7.4.17 乱岗西驿站哨卡碳十四年代数据的校正结果

7.4.6 红柳沟南沟口戍堡遗址

在阿尔金山红柳沟南沟口、原 315 国道路边的一处小山丘上，发现一处戍堡遗迹。此处为青海道、甘肃道和新疆道三省交通要道交会点，戍堡北坡陡，南侧以一条山脊与高地平缓相连，对北侧红柳沟方向(新疆道)、东侧山谷方向(来自敦煌与阿克塞方向的甘肃道)具有居高防御态势，而对南面依吞布拉克方向(青海道)则为平顺连接，因此是一处控制新疆道和甘肃道的戍堡或烽燧。山下河沟有长流河水,河边水草茂盛。戍堡底部由土坯依山势修筑形成平台,平台北部用石块砌成外墙和房舍墙体(图7.4.18)。

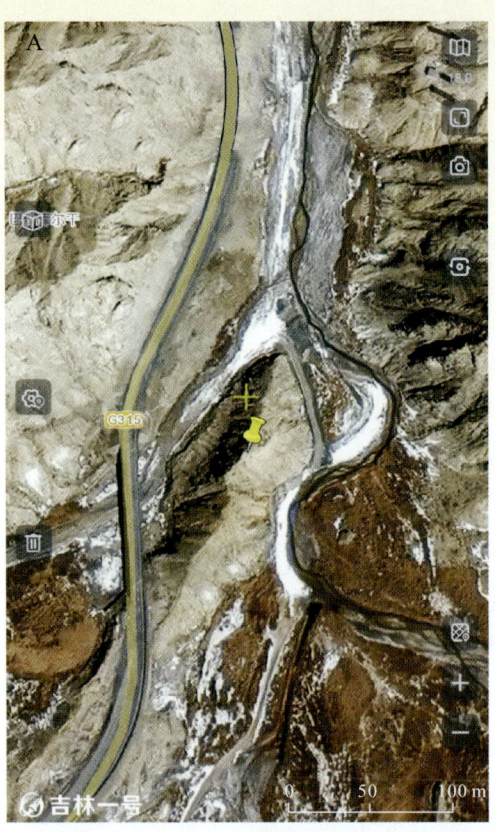
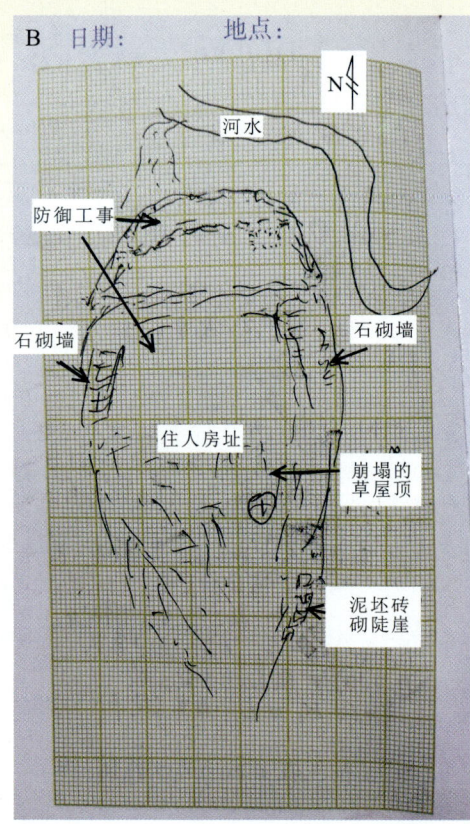

图 7.4.18 红柳沟南口戍堡
A. 地理位置图;B. 野外素描示意图;C. 西侧泥坯基座;D. 石砌房舍残墙

采集戍堡墙体中的植物残体进行碳十四测年,结果见表7.4.4和图7.4.19。校正后碳十四中值年龄为(1566±54)CE,大致对应明末清初时期。

第7章 罗布泊地区交通路线及其变迁

表 7.4.4 红柳沟南口戍堡的碳十四测年数据

序号	实验室编号	碳十四年龄/BP	测年材料	位置	校正年龄(2σ)
1	Beta-605995	290±30	芦苇残体(20210924-1)	墙体	1499~1600CE（64.5%） 1614~1662CE（31.0%）

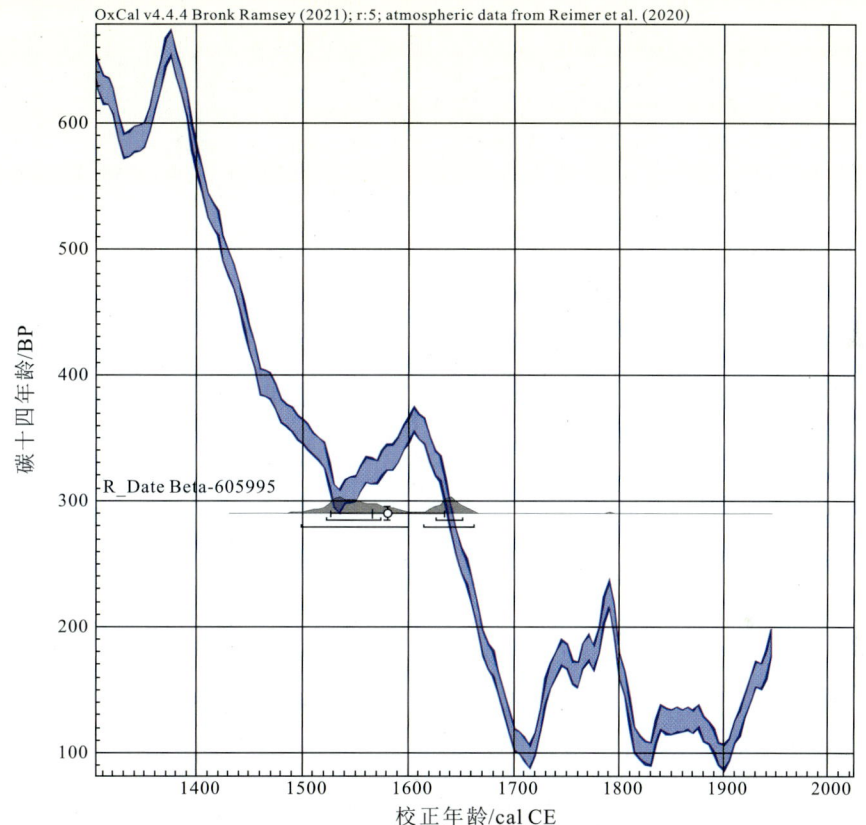

图 7.4.19 红柳沟南口戍堡碳十四年代数据的校正结果

7.5 古道和遗址周边环境特征

7.5.1 地貌与植被景观

阿尔金山北部山前断裂属于阿尔金断裂系，是由于印度板块向欧亚板块阶段性俯冲和碰撞，使青藏高原整体挤压、隆升而形成的左旋走滑断裂。该断裂由一系列逆冲断层组成，东延并入阿南断裂，延伸至肃北，向西隐伏于塔里木盆地，出露长度约450km，走向为北东东向。该断裂切割了沿线的第四系,使米兰等地的一些河谷阶地发生阶梯式断落,垂直错动了依吞布拉克和拉配泉等地的洪积扇(图 7.5.1),使一些小河谷地如若羌河也发生水平水系错位(夏训诚等,2007)。

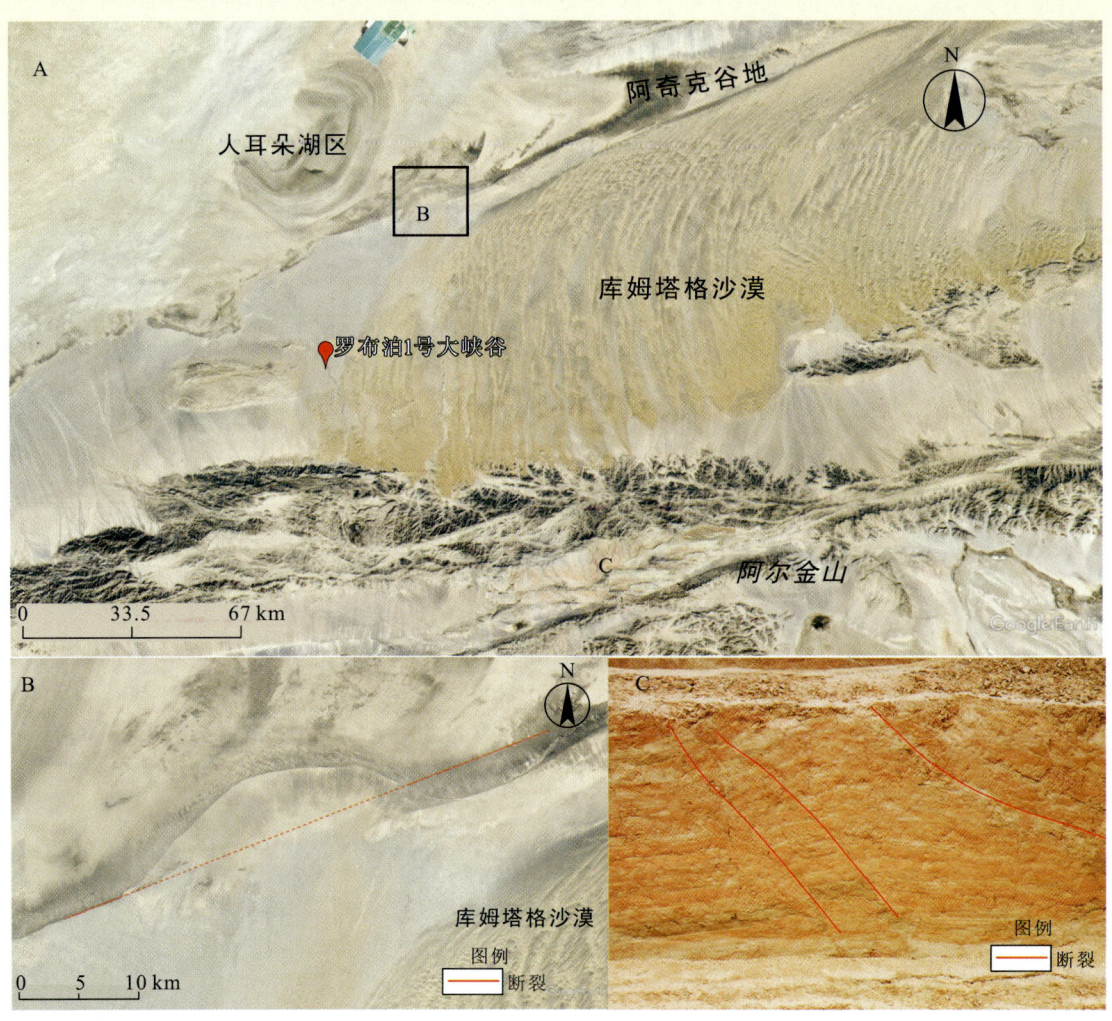

图 7.5.1 阿尔金断裂系的地貌表现

A.罗布泊地区的遥感地形图(底图源自 Google Earth);B.由阿尔金山北部山前断裂抬升南侧地层导致的洪积扇叠覆(底图源自 Google Earth);C.北东东向阿尔金断裂系中山区内的一条平行大断裂错动地层剖面

在阿奇克谷地两侧的逆冲断裂使阿尔金山地区和北山地区抬升。由于阿尔金山隆升速度大于北山,区域内形成南高北低、中间断陷凹谷的地貌格局(图 7.2.2)。阿尔金山上被剥蚀的物质随山洪流出,从南部高山向北进入罗布泊和阿奇克谷地,在阿尔金山北麓堆积形成巨厚的洪积扇(图 7.5.2)。同时因为断裂的多期次持续活动,构造抬升形成多期洪积扇叠覆(图 7.5.1B),阿尔金山北部山前断裂南盘的迅速上升还导致洪积扇上的河流下切加剧,形成深数十米的沟谷(图7.5.3)。

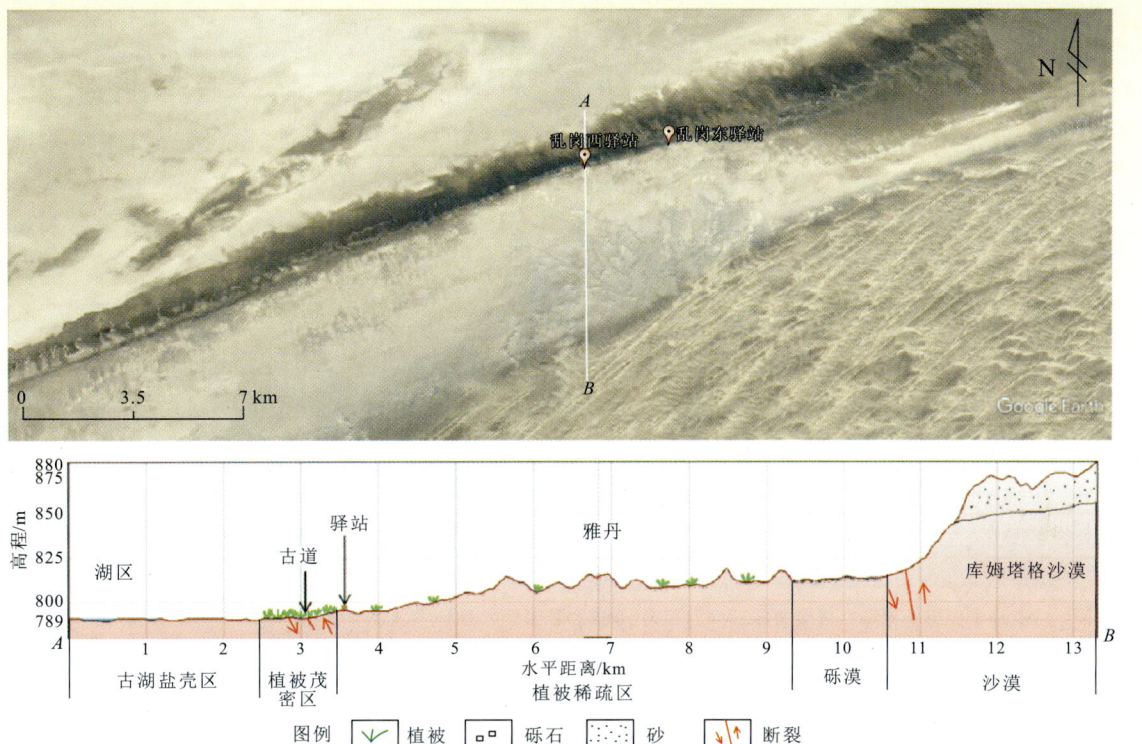

图 7.5.2　乱岗驿站周围地貌剖面示意图

由于北山地区为低山丘陵,冰期时期北侧吹来的强风将哈密盆地南缘新近系、第四系松软沉积物剥蚀并带往阿奇克谷地。强烈风蚀作用破坏阿奇克谷地冲积层后,部分风蚀区的古河道由于洪积砾石的存在,保护了下伏的沉积物,形成独特的乱岗地貌。上风区的沙物质被搬运至下风方向的南侧洪积扇和山地区,形成库姆塔格沙漠羽毛状沙丘。沙漠与山谷区的间歇性洪水,在沙漠中塑造出峡谷地貌,即罗布泊1号大峡谷(图7.5.3)。

图 7.5.3　洪积扇上发育的罗布泊1号大峡谷

此外,强烈的风蚀作用还塑造了其他的地貌。沙漠北缘与阿奇克谷地谷底之间的陡坎,是因为断裂形成的。在阿奇克谷地南岸台地上,由于风蚀作用,地表的细砂被搬运走,大颗粒的砾石留在地表,形成砾漠沙地地貌(图7.5.2和图7.5.4A)。强力的风吹蚀沟谷中地层,残留下来的凸起地层就形成了雅丹。阿奇克地区不同雅丹形成原因不同,谷地中孤立雅丹为原罗布泊东侧的河湖相与风沙沉积,北侧被风蚀切割成雅丹台地。南侧古道附近的雅丹长垄则是原南侧洪积扇上古水系,河道砾石对下伏地层的保护作用,导致了高出周围地表的雅丹形成(图7.5.2和图7.5.4B)。南侧雅丹垄顶部有砾石沉积,且形态由南向北呈扇状分布,具有典型洪积扇特点(图7.5.4C)。

注:均为沙漠和山前断裂间的风蚀区地貌,发育在古洪积扇上。

图7.5.4 阿奇克谷地风蚀地貌

A.台地上的砾漠沙地;B、C.由古河道形成的雅丹

阿奇克谷地南侧的阿尔金山山前断裂为地下水的上升提供了通道,且洪积扇扇缘相本就粒径细,透水性差,这导致地下水径流受阻进而水位逐渐上升。较浅的地下水位导致土壤矿化度高,蒸发后盐分向土体上层集中,形成了棱角状盐壳。

区域气候条件和构造条件,共同造就了阿奇克地区独特的荒漠植被景观。罗布泊地区南面有高山阻隔,夏季风带来的水汽极少,植物主要依靠地下水生长。地下水主要由来自阿尔金山区的冰雪融水和降雨,通过河流经洪积扇补给。阿奇克谷地西部的植被主要为芦苇、骆驼刺、红柳等耐盐耐旱植物,分布于谷地腹地;阿尔金山北部山前断裂导致浅层地下水补给丰沛,为植物生长提供有利条件,也是重要可利用的水源。芦苇等植物的生长相对茂盛(图7.5.2),为驼马牲畜提供食物,古道基本沿断裂陡坎的坎下延伸。

7.5.2 驿站和哨卡选址的环境背景

驿路的选择一般要满足3个要求:①平坦,便于通行;②沿途有足够的物资供应,尤其是水源和草料;③便于控制。在阿奇克谷地南岸道路的选址和设施的修建上,古人很好地利用了地质地貌特征来满足以上3点要求。

7.5.2.1 道路路线选择

阿奇克谷地南岸古道选择尽量平坦和便于通行的山口、山脊,体现出路线的人为选择

第7章 罗布泊地区交通路线及其变迁

性。在空间展布上,阿奇克谷地南岸古道东端在布什托格拉克一带,即库姆塔格沙漠与阿奇克谷地最东端三陇沙间的连接沙带附近。《魏书》中描述:"出自玉门,渡流沙。"经过近三陇沙的一处大雅丹下阿奇克谷地东南驿站后进入阿奇克谷地。谷地南面是不便于行走、容易损伤牲畜的砾漠和沙漠,且与沙地之间存在陡崖,谷地腹部西部是湖水区,东部是湿地沼泽,人们只能选择沿南部高台的北侧行走,由此在古洪积扇的边缘形成古道路网。又因洪水冲蚀,导致洪积扇部分地区沟谷纵横或因风蚀后形成雅丹区导致通行不便。古人通行时不得不绕行,多选择地形较平坦的沙地,便于行走,因此道路北移靠近水边(图7.5.2和图7.5.4)。古道再向西经罗布泊大峡谷的洪积扇前缘,继续沿洪积扇台地与罗布泊湖区的陡坎西延,过罗布泊大耳朵湖区南侧通过后通向米兰,与《新唐书》中描述的"西至蒲昌海南岸千里。自蒲昌海南岸,西经七屯城,汉伊脩城也"的路线一致。

7.5.2.2 淡水与草料物资供应

上述道路通过的阿奇克古洪积扇边缘也是阿尔金山北部山前断裂的位置,两者的叠加导致地下水水位较浅,两驿站地表出现的不同程度盐碱化正是由此导致的(图7.5.5A)。乱岗东驿站盐碱化更严重,表明乱岗东驿站地下水水位更浅。总体较浅的地下水水位使得道路沿线及周边的芦苇生长比较茂盛,为驼马提供良好的饲料。同时沿途还有多处便于打井取水的洼地,如八一泉南的水井能够提供可饮用的微咸水(图7.5.5B)。就近的物资也便于搬运到附近的驿站进行储存。

图 7.5.5 阿奇克谷地南岸断裂导致的浅地下水水位
A. 盐壳化的地面;B. 淡水井洼地

7.5.2.3 道路控制与防御

在阿奇克谷地南岸西段,有多处被称为乱岗的雅丹地貌,为古洪积扇上的河道。它们的南段具有一个共同的端点,向北发散。这是由于阿奇克谷地地势南高北低,所以阿尔金山上流下的水汇成的河流从南向北汇入北边的湖区,形成的一些河道切割形成的雅丹垄也是南北走向的。这些高近 10m 的近南北向雅丹，横切东西向洪积扇，成为良好的观察防御地形。雅丹哨卡位于驿站东侧雅丹高处，便于侦察敌情和防御。南北向多个哨卡的设置阻断了东西交通，当瞭望发现敌情后不仅可以及时传递消息做好迎敌准备，同时也可以直接抵御攻击。雅丹区北边为罗布泊古湖区湿地，南边为无法通行的库姆塔格沙漠。利用该雅丹长垄修筑哨卡，古人就可以很好地利用地形切断东西两侧的往来。此古道防线具有对东防御的长城式防卫特点。

根据驿站均位于南北向雅丹长垄（长城式防线）的西侧，在此提出防线保护方向的两种可能：①阿奇克谷地西部盛行北北东风，库姆塔格沙漠盛行东北风。在驿站东侧筑墙能减少风沙对驿站的影响，所以驿站在雅丹西侧可能是为了防风。②驿站均位于雅丹哨卡西边的另一种功能是防备东边的敌人。由于米兰古城位于驿站西侧，是古道上的重要城池，因此防线可能处于米兰城方向政权的控制下，对东防御可能与米兰和中原的关系变化有关。

7.6 历史背景分析

米兰属于楼兰（鄯善）国属地，相继归西域都护、西域长史、鄯善郡管辖，一直与东边的中原王朝保持着断断续续的交流。西汉神爵二年（公元前 60 年）设西域都护府后，汉朝开始了对西域诸国的控制，《汉书·西域传》记载："动静有变以闻。可安辑，安辑之；可击，击之。"

西汉末年王莽篡汉，《汉书·王莽传》所载王莽一系列举措破坏了外交关系，加上内地局势本就不稳，导致西域和内地交流进入中断时期："西出者，至西域，尽改其王为侯……（天凤三年）是岁，遣大使五威将王骏、西域都护李崇将戊己校尉出西域……诸国前杀都护但钦，骏欲袭之，命佐帅何封、戊己校尉郭钦别将。焉耆诈降，伏兵击骏等，皆死……西域自此绝。"

东汉与西域的来往可谓三绝三通。直到东汉永平十六年（公元 73 年）班超出使鄯善使其归顺于汉朝。《后汉书·班超传》："超到鄯善，鄯善王广奉超礼敬甚备，后忽更疏懈……超于是召鄯善王广，以虏使首示之，一国震怖。超晓告抚慰，遂纳子为质。还奏于窦固，固大喜，具上超功效，并求更选使西域。"汉朝这才恢复了对西域的控制。

东汉末年，汉朝对西域的控制陷入崩溃的局面。

车师后部王阿罗多对汉朝发动叛乱后却因为忌惮他找救兵而将其复立为王，《后汉书·西域传》记载其原因是害怕其联合北边的敌人，"戊校尉阎详虑其招引北虏，将乱西域，乃开信告示，许复为王"，此后甚至"其后疏勒王连相杀害，朝廷亦不能禁"。汉朝建立的管制制度彻底崩溃。

魏晋南北朝时期，中原局势混乱不堪，各政权相继试图稳定西域。魏黄初三年（公元 222 年），曹丕再设西域长史府于楼兰。西晋咸宁五年（公元 279 年），晋武帝派马隆出征，降服鲜卑，收复凉州，中原与西域的交通遂得以恢复。第二年，鄯善等国臣服西晋，接着在太康四年（公元 283 年），诸国再次"遣子入侍"。

第7章 罗布泊地区交通路线及其变迁

西晋末年,八王之乱爆发,社会动荡。西晋凉州刺史护羌校尉张轨(公元 255—314 年)父子安置流民,发展势力。前凉建国河西,东有后赵的威胁,南有羌人势力。前凉若要巩固和发展壮大自身势力,必须经营西域。前凉以凉州为后方,以高昌、楼兰为西域据点。高昌相对楼兰距敦煌更远,前凉不能如控制楼兰一样轻易制约高昌。前凉第四主张骏继位(公元 324 年)后不久,高昌戊己校尉赵贞反叛。张骏派西域长史李柏率军讨伐,击擒赵贞。咸和七年(公元 332 年),石勒去世。前凉的发展迎来了有利的局面。咸康元年(公元 335 年),张骏上表表达了自己的志向:"勒雄既死,人怀反正……况以荆扬剽悍,臣州突骑,吞噬遗羯,在于掌握哉!"故前凉建兴二十三年(公元 335 年),张骏派沙州刺史杨宣出兵征服了鄯善。《晋书·卷八十六》记载:"(张骏)又使其将杨宣率众越流沙,伐龟兹、鄯善,于是西域并降。鄯善王元孟献女,号曰美人,立宾遐观以处之。"

北魏建立后,与鄯善交往频繁。太平真君二年(公元 441 年),太武帝平定凉州一带。《魏书·列传第九十 西域》中记载:"及世祖平凉州,沮渠牧犍弟无讳走保敦煌。无讳后谋渡流沙,遣其弟安周击鄯善,王比龙恐惧欲降。会魏使者自天竺、罽宾还,俱会鄯善,劝比龙拒之,遂之连战,安周不能克,退保东城。后比龙惧,率众西奔且末,其世子乃应安周。鄯善人颇剽劫之,令不得通。世祖诏散骑常侍、成周公万度归乘传发凉州兵讨之,度归到敦煌,留辎重,以轻骑五千渡流沙,至其境。时鄯善人众布野,度归敕吏卒不得有所侵掠,边守感之,皆望旗稽服。其王真达面缚出降,度归释其缚,留军屯守,与真达诣京都。世祖大悦,厚待之。是岁,拜交趾公韩牧为假节、征西将军、领护西戎校尉、鄯善王以镇之,赋役其人,比之郡县。"公元 438 年(北魏太武帝太延四年),鄯善国王派弟素延耆入中原,说明这时楼兰相对独立,还有国。后世祖平凉州时,北魏攻陷北凉都城,沮渠牧犍弟无讳先退至敦煌,后又准备渡过流沙(库姆塔格沙漠),他先遣其弟安周攻击鄯善,但连战不胜,退居东城。这记录很有意思,对比乱岗驿站对东防御,而"回"字形古城正处乱岗驿站东面约 80km,其东墙不清、似乎城门在东面,有对西防御特点;五环遗址也在"回"字形古城东面,有后方建筑之意。乱岗驿站的长城式防线与"回"字形古城,可能正是公元 439 年前后安周攻打鄯善时双方留下的遗迹,乱岗长城式防线由鄯善王所建,"回"字形古城则是安周退守的东城。之后,鄯善王比龙去且末,儿子投降安周,导致丝绸之路断绝。至太平真君六年(公元 445 年),世祖派成周公万度归发凉州兵讨之,并留军屯守,其后又拜交趾公韩牧为假节、征西将军、领护西戎校尉按郡县方式直接管理鄯善,赋役其人。至此,鄯善国灭,第一次以郡县地位归中原管辖,西域复通。

北魏政权分裂(公元 534 年)后,秦陇乱局使吐谷浑有了叛乱的机会,他们把目光投向了鄯善地区。《周书·文帝纪上》记载:"时(永熙三年,即公元 534 年)凉州刺史李叔仁为其民所执,举州骚扰。宕昌羌梁企定引吐谷浑寇金城。渭州及南秦州氐、羌连结,所在蜂起。南岐至于瓜、鄯,跨州据郡者,不可胜数。"在《洛阳伽蓝记》成书时(即东魏孝静帝武定五年,也就是公元 547 年),鄯善已为吐谷浑所驻军:"从土谷浑西行三千五百里,至鄯善城。其城自立王,为土谷浑所吞。今城是土谷浑第二息宁西将军,总部落三千,以御西胡。"

133

隋开皇时期发生过几次战争（开皇年号始于公元581年）。隋炀帝大业五年（公元609年），皇帝出兵鄯善，平定后设郡。《隋书·卷八十三　吐谷浑传》："其故地皆空，自西平临羌城以西，且末以东，祁连以南，雪山以北，东西四千里，南北二千里，皆为隋有。置郡县镇戍，发天下轻罪徙居之。"

但隋国祚短暂，又被吐谷浑夺走（大业年号结束于公元618年）。《旧唐书·卷一百九十八》记载："大业末，伏允悉收故地，复为边患。"直到唐太宗贞观九年（公元635年）发兵使鄯善郡再次回归中原政权控制。《旧唐书·卷一百九十八》记载："伏允大惧，与千馀骑遁于碛中，众稍亡散，能属之者才百馀骑，乃自缢而死。国人乃立顺为可汗，称臣内附。"

我们将测年时间与遗物年代、历史事件进行对比研究（图7.6.1）。根据以上历史文献的记载，对比几个驿站的各种测年数据，可以发现二者之间具有很好的一致性。自公元前138年张骞出使西域正式开通中原与西域的重要交流通道丝绸之路后。汉宣帝神爵二年（公元前60年）西域都护府的设立是中原管理西域的第一步，保障了丝绸之路的畅通。《汉书》记载"于是自敦煌西至盐泽（罗布泊），往往起亭（驿站）"，显示为了给来往的行人提供休息，汉朝政权修筑了一系列驿站等设施，如乱岗东驿站。

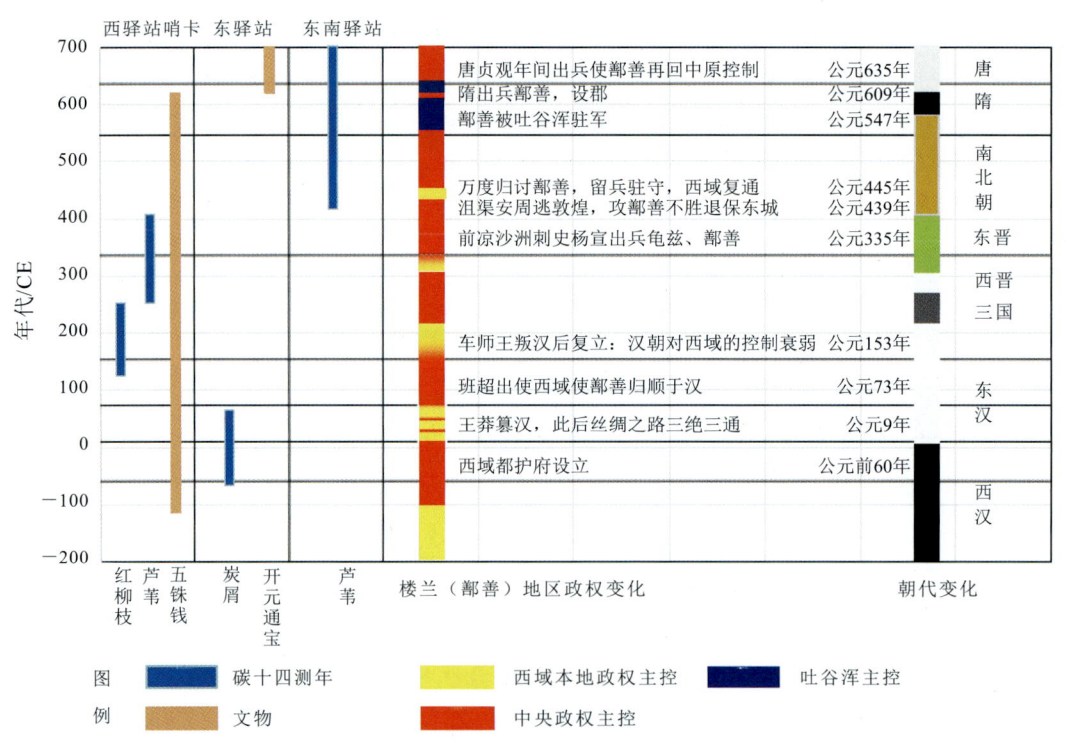

图7.6.1　阿奇克谷地南侧古道驿站测年与历史事件对比

到西汉末年，王莽篡汉（公元9年），东汉政府三次试图修复对西域的控制又三次被迫撤退，可以看到东驿站与西驿站年龄之间存在空缺，且大致对应这段西域失控的时间，说明丝

第7章 罗布泊地区交通路线及其变迁

绸之路同时中断。直到班超出使西域(公元73年),西域各国归顺,班勇在楼兰建立西域长史府(公元123年)。西驿站哨卡早期年龄124~250CE(Beta-605992样品碳十四年龄的91.8%校正范围)说明哨卡此时开始被使用,东西驿站之间的时间间断大致在62~124CE之间,似乎与新朝时期丝绸之路三断三通的时间略有差异。一个原因是测年精度问题,另一个原因可能是班勇公元123年在楼兰建立西域长史府后,主要的交通路线是阿奇克谷地北岸的楼兰道,南岸的这条古道使用得相对较少,直到一段时间后伴随南道的重开米兰古城也开始繁荣。

东汉末年,中原大乱,轮番登场的不同政权都试图在西域建立自己的国家。东晋时期前凉(公元335年)张氏为谋求发展欲出兵龟兹、鄯善。《晋书·卷八十六》记载:"(张骏)又使其将杨宣率众越流沙,伐龟兹、鄯善。"乱岗西驿站哨卡在时间上大致对应沙州刺史杨宣(公元335年)攻打鄯善时间。从哨卡具有对东防御的特点分析,哨卡很可能为鄯善脱离中原控制后所筑,防备中原的军队并阻断来往商旅。但乱岗西驿站哨卡建筑简陋,在大军面前显然不能发挥有效的防御。故《晋书》接着记载:"于是西域并降。鄯善王元孟献女,号曰美人,立宾遐观以处之。"北魏时期的公元439年,北魏灭北凉,沮渠无讳遣其弟安周攻击鄯善,但连战不胜,退居东城,可能乱岗驿站的长城式防线对东防御、"回"字形古城对西防御可能这场战争双方留下的遗迹,可以看到阿奇克谷地东南驿站与乱岗西驿站大致正好中间不连,可能正是这时鄯善叛、断丝绸之路所致。北魏政权分裂(公元534年)后的秦陇乱局使吐谷浑有了叛乱的机会,鄯善也落入他们囊中。隋曾短暂夺回一段时间,但却因二世而亡而再次(大业末公元618年)失去,直到唐太宗贞观九年(公元635年)发兵使鄯善郡再次回归中原政权控制。其后东南驿站使用时间一直持续,东驿站发现唐开元通宝钱币,表明唐代稳定的局面使丝绸之路再次繁荣,两地都是唐时南岸古道的重要驿置所在。

红柳沟南沟口戍堡现在测得的年龄是明清时期,测年样品是地面垮塌房舍中的植物残体。但从底部泥坯砖砌的墙体来看,它与阳关镇附近烽燧的土坯砖形制类似,指示这是该戍堡的早期建筑残留,戍堡很可能开始建造于汉唐时期,并于清代再次被利用和改造。民族学调查显示,该戍堡可能是土匪为把控甘肃道(向东通往拉配泉、阿克塞、敦煌)、青海道(向南通往茫崖、格尔木)、新疆道(向北经红柳沟再向西通往米兰、若羌)三省要道、向往来商贾索要钱财而建,测年数据似乎验证了这个说法。从戍堡对东(甘肃道)、北(新疆道)有防御功能,对南(青海道)则无任何防备分析,戍堡似乎是高原人群修筑的。

明朝失去西域管辖,清代若羌县作为内地通往中亚和新疆的重要通道,其交通地位虽然重要,但史书记载简略不详,只在清朝一些官员的行记、奏疏中提到他们在新疆地区的行程经历时略有记载,但基本没有三省要道上遗址的记录。因此本遗址的发现对于研究明清时期的丝绸之路交通路线具有重要意义。

7.7 主要认识和结论

本章介绍了丝绸之路南线（阿奇克谷地南岸古道）沿途的驿置、古城遗址，包括4处驿站、5处驿站防线哨卡遗迹、1座古城、1处古墓群及其相关人工遗物。

驿站与哨卡所取样品碳十四测年以及文物年代鉴定结果跨越汉唐，以及明清的三省要道遗址——红柳沟南沟口戍堡，表明阿奇克谷地南岸古道至少在汉晋时期就已存在。乱岗东、西驿站在汉代就已经投入使用，西面乱岗驿站对东防御的长城式防线哨卡可能在鄯善对抗前凉沙州刺史杨宣西伐时得到加强，或与东面向西防御的"回"字形古城一起是北魏灭北凉时沮渠安周攻打鄯善时对峙所留，也可能在鄯善对抗前凉沙州刺史杨宣西伐时就已在使用。唐朝时乱岗东驿站和三陇沙附近东南驿站一起构成丝绸之路南线的重要交通站。这几处驿站、古城和哨卡都是阿奇克谷地南岸古道的配套设施，为《新唐书》所述阳关—罗布泊南岸—米兰—石城镇的丝绸之路南线之一。

雅丹是区域内特征地貌之一，外观高大、突兀，群体性走向一致，这些特点使之被人类应用于军事、交通、人居等方面。例如，在雅丹顶部修建房屋等建筑物充当哨卡、瞭望台、指路标志物，或起挡风沙作用等。阿奇克谷地的乱岗驿站是人类利用雅丹等地质地貌条件的较好案例。阿奇克谷地的断裂和洪积扇导致此地地下水水位浅，古人很好地利用这一特点取水和草料供给来往行人和牲口，并利用洪积扇古河道南北走向雅丹建有边境防御线，卡住东西交通。

主要参考文献

陈戈,1990.新疆古代交通路线综述.新疆文物(3):55-92.

陈光文,2011.明朝弃置敦煌考略.敦煌学辑刊(1):111-118.

陈曦,包安明,王新平,等,2017.塔里木河近期综合治理工程生态成效评估.中国科学院院刊,32(1):20-28.

陈霞,2013.丝绸之路的开通及其对新疆历史的影响.西域研究(3):10-16,154.

陈晓露,2012.楼兰壁画墓所见贵霜文化因素.考古与文物(2):79-88.

陈晓露,2013.楼兰 LB 佛寺考.文物(4):86-96.

陈晓露,2024.丝绸之路开通前塔里木盆地交通格局.历史研究(7):4-28.

陈亚宁,郝兴明,陈亚鹏,等,2019.新疆塔里木河流域水系连通与生态保护对策研究.中国科学院院刊,34(10):1156-1164.

陈亚宁,李忠勤,徐建华,等,2023.中国西北干旱区水资源与生态环境变化及保护建议.中国科学院院刊,38(3):385-393.

陈宗器,1936.罗布淖尔与罗布荒原.地理学报,3(1):19-49.

成俊卿,杨家驹,刘鹏,1992.中国木材志.北京:中国林业出版社.

储国强,刘嘉麒,孙青,等,2002.新疆克里雅河洪泛事件与树轮记录的初步研究.第四纪研究,22(3):252-257.

董瑞杰,董治宝,2013.敦煌雅丹国家地质公园景观美学研究.中国沙漠,33(2):403-411.

樊自立,艾里西尔·库尔班,徐海量,等,2009a.塔里木河的变迁与罗布泊的演化.第四纪研究,29(2):232-240.

樊自立,张青青,徐海量,2009b.塔克拉玛干沙漠中的古代交通路线.中国沙漠,29(5):815-819.

韩春鲜,吕光辉,2006.清代以来塔里木盆地东部罗布人的生活及其环境变化.中国历史地理论丛,21(2):60-66.

韩春鲜,熊黑钢,张冠斌,2003.罗布地区人类活动与环境变迁.中国历史地理论丛,18(3):38-45.

何宇华,孙永军,2003.空间遥感考古与楼兰古城衰亡原因的探索.考古(3):77-81.

河南博物院,2018.丝绸之路与中原.北京:文物出版社.

侯灿,1984.论楼兰城的发展及其衰废.中国社会科学(2):155-171.
侯灿,2022.楼兰考古调查与发掘报告.南京:凤凰出版社.
胡兴军,2023.新疆尉犁县克亚克库都克烽燧遗址唐代戍边生活的考古学研究.中华民族共同体研究(4):118-131,173-174.
胡兴军,何丽萍,2017.新疆尉犁县咸水泉古城的发现与初步认识.西域研究(2):122-125.
黄文弼,1948.罗布淖尔考古记.桂林:广西师范大学出版社.
黄文弼,1958.塔里木盆地考古记.北京:科学出版社.
黄文房,1995.楼兰王国的兴衰及其原因的探讨//穆舜英,张平.楼兰文化研究论集.乌鲁木齐:新疆人民出版社:56-63.
贾红娟,秦小光,刘嘉麒,2009.激光粒度仪分析结果中假峰形成的原因及消除方法.海洋地质与第四纪地质,29(5):145-152.
贾红娟,刘嘉麒,秦小光,2011.全新世早期罗布泊气候变化和耕作活动的孢粉证据.吉林大学学报(地球科学版),41(S1):181-186,194.
赖忠平,欧先交,2013.光释光测年基本流程.地理科学进展,32(5):689-693.
李保国,马黎春,蒋平安,等,2008.罗布泊"大耳朵"干盐湖区地形特征与干涸时间讨论.科学通报,53(3):327-334.
李江风,1989.新疆年轮气候年轮水文研究.北京:气象出版社.
李江风,1991.楼兰古河道发现和风蚀地貌吹蚀速率测算.地理研究,10(1):86-94.
李青,2016.楼兰03LE壁画墓再讨论.西北民族论丛(1):127-141,327.
李文瑛,1999.营盘遗址相关历史地理学问题考证——从营盘遗址非"注宾城"谈起.文物(1):43-51.
李晓英,许丽,2008.楼兰城的兴衰与塔里木盆地环境演变之间的关系.干旱区资源与环境,22(8):124-128.
李艳玲,2024.汉唐西域水上交通管窥.史学集刊(6):57-65.
林立,2003.米兰佛寺考.考古与文物(3):47-55.
林梅村,1988.楼兰新发现的东汉佉卢文考释.文物(8):67-70.
林梅村,1991.佉卢文时代鄯善王朝的世系研究.西域研究(1):39-50.
林梅村,1993.1992年秋米兰荒漠访古记——兼论汉代伊循城.中国边疆史地研究,3(2):15-21.
林永崇,穆桂金,李文,等,2020.小冰期新疆楼兰地区绿洲生态环境变迁事件.干旱区资源与环境,34(7):125-132.
林永崇,穆桂金,秦小光,等,2017.新疆楼兰地区雅丹地貌差异性侵蚀特征.中国沙漠,37(1):33-39.
林永崇,穆桂金,秦小光,等,2018.地表风化作用对楼兰地区雅丹地貌发育的影响.干旱区地理,41(6):1278-1284.

主要参考文献

刘嘉麒,2014.新疆地区自然环境演变、气候变化及人类活动影响.北京:中国水利水电出版社.

刘嘉麒,秦小光,2005.塔里木盆地的环境格局与绿洲演化.第四纪研究,25(5):533-539.

刘进宝,2018."丝绸之路"概念的形成及其在中国的传播.中国社会科学(11):181-207.

刘念,崔剑锋,李文瑛,2020.新疆营盘墓地出土人面纹玻璃珠来源新探.文物(8):89-96.

刘屹,2024.道荒宏雪岭——重识横跨葱岭的三条古道.中华民族共同体研究期刊(4):16-30,171-172.

吕厚远,夏训诚,刘嘉麒,等,2010.罗布泊新发现古城与5个考古遗址的年代学初步研究.科学通报,55(3):237-245.

马春梅,王富葆,曹琼英,等,2008.新疆罗布泊地区中世纪暖期及前后的气候与环境.科学通报,53(16):1942-1952.

马黎春,李保国,蒋平安,等,2011.罗布泊盐湖"大耳朵"盐盘特征、成因及古环境意义.沉积学报,29(1):125-133.

孟凡人,1990.罗布淖尔土垠遗址试析.考古学报(2):169-186.

宁雅,2022.1241—1242年蒙古远征匈牙利的研究回顾与展望.西域研究(3):145-159.

牛清河,屈建军,李孝泽,等,2011.雅丹地貌研究评述与展望.地球科学进展,26(5):516-527.

牛清河,屈建军,柳本立,等,2013.雅丹地貌形成年代研究方法简评与应用.海洋地质与第四纪地质,33(4):201-208.

农旷远,胡兴军,王树芝,等,2022.新疆克亚克库都克唐代烽燧遗址木炭记录的薪材利用和植被生态.第四纪研究,42(1):181-191.

潘大东,林永崇,2022.新疆罗布泊雅丹地貌形态特征分析.干旱区资源与环境,36(6):157-163.

齐光,2024.清廷与罗布泊关系形成考.史林(4):131-138,219.

秦小光,等,2023.罗布泊地区古代文化与古环境——罗布泊自然与文化遗产综合科学考察报告.北京:科学出版社.

秦小光,张磊,穆燕,2015.中国东部南北方过渡带淮河半湿润区全新世气候变化.第四纪研究,35(6):1509-1524.

邱陵,1995.新疆米兰佛寺壁画:"有翼天使".西域研究(3):105-112.

屈建军,郑本兴,俞祁浩,等,2004.罗布泊东阿奇克谷地雅丹地貌与库姆塔格沙漠形成的关系.中国沙漠,24(3):294-300.

邵芸,宫华泽,2011.基于多源雷达影像的罗布泊湖岸变迁初探.遥感学报,15(3):645-650.

舍建忠,朱志新,贾健,等,2020.新疆主要断裂的分布及其特征.新疆地质,38(1):9-20.

史金波,2020.丝绸之路出土的少数民族文字文献与东西方文化交流.敦煌研究(5):1-10.

舒强,钟巍,李偲,2007.塔里木盆地南缘古遗址的分布特征及其与环境演变和人类活动的关系.干旱区资源与环境,21(11):95-100.

宋昊泽,穆桂金,林永崇,等,2020.雅丹共基座现象对雅丹形态测量的影响.干旱区地理,43(1):48-55.

宋昊泽,杨小平,穆桂金,等,2021.罗布泊地区雅丹形态特征及演化过程.地理学报,76(9):2187-2202.

孙爱军,赵晖,刘冰,等,2022.末次冰盛期以来塔里木盆地绿洲演化研究进展与问题.干旱区地理,45(6):1761-1772.

王炳华,2009.丝绸之路考古研究.乌鲁木齐:新疆人民出版社.

王炳华,2023.汉匈角力拓出中华历史新篇章.中华民族共同体研究(6):52-57,169.

王春雪,吕小红,刘海琳,等,2020.楼兰故城三间房遗址2014年发现的动物骨骼遗存初步研究.边疆考古研究(1):425-443.

王栋,温睿,朱瑛培,等,2022.新疆尉犁县营盘墓地出土夹金属箔层玻璃珠研究.考古与文物(4):117-122.

王富葆,马春梅,夏训诚,等,2008.罗布泊地区自然环境演变及其对全球变化的响应.第四纪研究,28(1):150-153.

王冀青,2023.凯尤佛《东亚史》与"丝绸之路"概念的确立.敦煌学辑刊(3):133-140.

王守春,1996.历史时期塔里木河下游河道的一次大变迁.干旱区地理,19(4):10-18.

王守春,1998.塔里木盆地三大遗址群的兴衰与环境变化.第四纪研究,18(1):71-79.

王守春,2000.塔里木盆地的古遗址与洪水.西域研究(3):1-7.

王守春,2002.楼兰古城兴废的历史教训.中国历史地理论丛,17(2):16-18.

王旭送,2011."元明时期的新疆"学术研讨会综述.西域研究(4):136-137.

王永,赵振宏,2001.罗布泊东部阿奇克谷地第四纪古地理.古地理学报,3(2):23-28.

王永,赵振宏,严富华,等,2000.罗布泊八一泉剖面孢粉组合及意义.干旱区地理,23(2):112-115.

魏东,秦小光,许冰,等,2020.楼兰地区汉晋时期墓地的考察与初步认识:兼析楼兰孤台墓地的颅骨形态学特征.西域研究(3):126-132,172.

吴文祥,葛全胜,郑景云,等,2009.气候变化因素在蒙古西征中的可能作用研究.第四纪研究,29(4):724-732.

吴勇,2017.楼兰地区新发现"张市千人丞印"的历史学考察.西域研究(3):41-48.

吴勇,田小红,穆桂金,2016.楼兰地区新发现汉印考释.西域研究(2):19-23.

主要参考文献

西北大学文化遗产学院,北京科技大学科技史与文化遗产研究院,新疆文物考古研究所,2020.新疆若羌黑山岭古代绿松石矿业遗址调查简报.文物(8):4-13.

奚国金,1985.近二百年来塔里木河下游水系变迁的探讨.干旱区地理,8(1):57-68.

奚国金,1992.罗布泊迁移的历史过程及其新发现.西域研究(4):5-16.

夏鼐,1962."和阗马钱"考.文物(Z2):60-63.

夏训诚,王富葆,赵元杰,2007.中国罗布泊.北京:科学出版社.

夏训诚,赵元杰,王富葆,等,2008.新疆罗布泊西岸地区河湖地貌特征及其成因.干旱区地理,31(4):496-501.

新疆楼兰考古队,1988a.楼兰城郊古墓群发掘简报.文物(7):23-39.

新疆楼兰考古队,1988b.楼兰古城址调查与试掘简报.文物(7):1-22,98.

新疆维吾尔自治区文物考古研究所,2021.新疆尉犁县克亚克库都克唐代烽燧遗址.考古(8):23-44.

新疆文物考古研究所,1995.新疆文物考古新收获:1979—1989.乌鲁木齐:新疆人民出版社.

新疆文物考古研究所,2021.新疆若羌县瓦石峡墓地考古发掘简报.文博(1):3-14.

新疆文物考古研究所,2022.2021年度新疆古楼兰交通与古代人类村落遗迹补充调查简报.吐鲁番学研究(2):22-32,153.

新疆文物考古研究所,新疆维吾尔自治区博物馆,1997.新疆文物考古新收获(续):1990—1996.乌鲁木齐:新疆美术摄影出版社.

杨镰,2010.最后的罗布人.北京:北京航空航天大学出版社.

杨小平,杜金花,梁鹏,等,2021.晚更新世以来塔克拉玛干沙漠中部地区的环境演变.科学通报,66(24):3205-3218.

腰希申,1988.中国主要木材构造.北京:中国林业出版社.

殷晴,1992.古代于阗的南北交通.历史研究(3):85-99.

殷晴,2010.汉代丝路南北道研究.新疆社会科学(1):121-128.

殷志强,秦小光,吴金水,等,2008.湖泊沉积物粒度多组分特征及其成因机制研究.第四纪研究,28(2):345-353.

殷志强,秦小光,吴金水,等,2009.中国北方部分地区黄土、沙漠沙、湖泊、河流细粒沉积物粒度多组分分布特征研究.沉积学报,27(2):343-351.

于志勇,覃大海,2006.营盘墓地M15及楼兰地区彩棺墓葬初探.西部考古(1):401-427.

余太山,1994.汉魏通西域路线及其变迁.西域研究(1):14-20.

袁国映,袁磊,1998.罗布泊历史环境变化探讨.地理学报,53(增刊):83-89.

袁国映,赵子允,1997.楼兰古城的兴衰及其与环境变化的关系.干旱区地理,20(3):7-12.

袁澍,1986.元代用人政策与西域知识分子.新疆师范大学学报(哲学社会科学版)(2):52-58.

袁晓红,潜伟,2012.新疆若羌瓦石峡遗址出土冶金遗物的科学研究.中国国家博物馆馆刊(2):141-149.

翟少冬,2017.敦煌烽燧与陆上丝绸之路的变迁.甘肃社会科学(5):130-135.

张德芳,2021.从出土汉简看汉王朝对丝绸之路的开拓与经营.中国社会科学(1):143-155,207.

张景明,肖瑞,2023.草原丝绸之路形成的区位优势及其在北方民族交往交流交融中的贡献.中华民族共同体研究(5):60-75,172.

张平,1987.新疆若羌出土两件元代文书.文物(5):91-92,105.

张天汉,王健铭,夏延国,等,2016.库姆塔格沙漠不同区域种子植物物种组成与区系特征研究.植物科学学报,34(1):78-88.

张瑛,2024.从出土汉简看汉王朝经营西域的动因和路径.丝绸之路(3):36-45.

张永雷,陈亚宁,杨玉海,等,2016.塔里木河河道的历史变迁及驱动力分析.干旱区地理,39(3):582-589.

张永雷,许玉凤,孙连群,等,2021.塔里木盆地古城池时空变迁及原因初探.黔南民族师范学院学报,41(4):118-128.

赵大旺,刘进宝,2024.汉唐时期的丝绸之路与中外文明互鉴.浙江大学学报(人文社会科学版),54(9):16-27.

赵美莹,党志豪,蒋洪恩,2021.新疆米兰遗址吐蕃时期的植物遗存.人类学报,40(6):1055-1062.

赵松乔,1983.罗布荒漠的自然特征和罗布泊的"游移"问题.地理研究,2(2):88-98,118.

赵元杰,夏训诚,王富葆,等,2005.罗布泊现代盐壳地貌特征与成因初步研究.干旱区地理,28(6):795-799.

中国科学院学部西北干旱区生态环境建设与可持续发展咨询考察组,2003.新楼兰工程——塔里木河下游及罗布泊地区生态重建与跨越式发展设想.地球科学进展,18(6):819-830.

钟骏平,马黎春,李保国,等,2008.再论罗布泊"大耳朵"地区的干涸时间.干旱区地理,31(1):10-16.

钟骏平,邱宏烈,董新光,等,2005.罗布泊干涸时间讨论.干旱区地理,28(1):6-9.

钟巍,熊黑钢,1999.塔里木盆地南缘4 ka B.P.以来气候环境演化与古城镇废弃事件关系研究.中国沙漠,19(4):343-347.

周廷儒,1978.论罗布泊的迁移问题.北京师范大学学报(自然科学版)(3):34-40.

周兴佳,李保生,朱峰,等,1996.南疆克里雅河绿洲发育和演化过程研究.云南地理环境研究,8(2):44-57.

主要参考文献

朱绪超, 袁国富, 邵明安, 等, 2015. 塔里木河下游河岸带植被的空间结构特征. 植物生态学报, 39(11): 1053-1061.

AICHNER B, FEAKINS S J, LEE J E, et al., 2015. High-resolution leaf wax carbon and hydrogen isotopic record of the late Holocene paleoclimate in arid Central Asia. Climate of the Past, 11(4): 619-633.

ANDREA A J, 2014. The Silk Road in world history: a review essay. The Asian Review of World Histories, 2: 105-127.

BARRETT M T, BROWN D, PLUNKETT G, 2019. Refining the statistical parameters for constructing tree-ring chronologies using short-lived species: alder (*Alnus glutinosa* Gaertn). Dendrochronologia, 55: 16-24.

BERGMAN F, 1935. Newly discovered graves in the Lop-Nor desert. Geografiska Annaler, 17: 41-61.

BERNABEI M, BONTADI J, REA R, et al., 2019. Dendrochronological evidence for long-distance timber trading in the Roman Empire. PLoS One, 14: e0224077 [2023-04-15]. https://doi.org/10.1371/journal.pone.0224077.

BRONK RAMSEY C, 1995. Radiocarbon calibration and analysis of stratigraphy: the OxCal program. Radiocarbon, 37(2): 425-430.

BRONK RAMSEY C, 2001. Development of the radiocarbon calibration program. Radiocarbon, 43(2A): 355-363.

BRONK RAMSEY C, 2017. Methods for summarizing radiocarbon datasets. Radiocarbon, 59(6): 1809-1833.

BRONK RAMSEY C, LEE S, 2013. Recent and planned developments of the program OxCal. Radiocarbon, 55(2): 720-730.

BRONK RAMSEY C, VAN DER PLICHT J, WENINGER B, 2001. 'Wiggle matching' radiocarbon dates. Radiocarbon, 43(2A): 381-389.

BROWN D M, 1991. Studies on *Pinus sylvestris* L. From Garry Bog. Co. Antrim. Belfast: Queen's University Belfast.

BÜNTGEN U, DI COSMO N, 2016. Climatic and environmental aspects of the Mongol withdrawal from Hungary in 1242 CE. Scientific Reports, 6: 25606 [2019-05-10]. https://doi.org/10.1038/srep25606.

BÜNTGEN U, EGGERTSSON Ó, WACKER L, et al., 2017. Multi-proxy dating of Iceland's major pre-settlement Katla eruption to 822–823 CE. Geology, 45(9): 783-786.

CAI Y J, CHIANG J C H, BREITENBACH S F M, et al., 2017. Holocene moisture changes in western China, Central Asia, inferred from stalagmites. Quaternary Science Reviews, 158: 15-28.

CHE P, LAN J H, 2021. Climate change along the Silk Road and its influence on Scythian cultural expansion and rise of the Mongol Empire. Sustainability, 13: 2530 [2022-02-20]. https://doi.org/10.3390/su13052530.

CHEN F, CHEN J H, HUANG W, et al., 2019. Westerlies Asia and monsoonal Asia: spatiotemporal differences in climate change and possible mechanisms on decadal to sub-orbital timescales. Earth-Science Reviews, 192: 337-354.

CHEN F, YUAN Y J, TROUET V, et al., 2022. Ecological and societal effects of Central Asian streamflow variation over the past eight centuries. NPJ Climate and Atmospheric Science, 5: 27 [2023-06-12]. https://doi.org/10.1038/s41612-022-00239-5.

CHEN F, YUAN Y J, WEI W S, et al., 2015. Tree-ring recorded hydroclimatic change in Tienshan mountains during the past 500 years. Quaternary International, 358: 35-41.

CHEN T, WANG X Y, DAI J, et al., 2016. Plant use in the Lop Nor region of southern Xinjiang, China: archaeobotanical studies of the Yingpan cemetery (~25-420 AD). Quaternary International, 426: 166-174 [2020-10-10]. https://doi.org/10.1016/j.quaint.2016.03.015.

CHUI Y D, ZHOU W J, CHENG P, et al., 2024. A study on the Radiocarbon chronology of sediments and its implications for climatic events in Lop Nur, NW China. Journal of Asian Earth Sciences, 263: 106024 [2024-05-10]. https://doi.org/10.1016/j.jseaes.2024.106024.

CONTRERAS D A, MEADOWS J, 2014. Summed radiocarbon calibrations as a population proxy: a critical evaluation using a realistic simulation approach. Journal of Archaeological Science, 52: 591-608.

CREASMAN P P, 2013. Ship timber and the reuse of wood in ancient Egypt. Journal of Egyptian History, 6: 152-176.

CREMASCHI M, GRIGGS C, KOCIK C, et al., 2021. Dating the Noceto Vasca Votiva, a unique wooden structure of the 15th century BCE, and the timing of a major societal change in the Bronze Age of northern Italy. PLoS One, 16: e0251341 [2023-05-20]. https://doi.org/10.1371/journal.pone.0251341.

CUI X Y, LIU X K, LIANG A M, et al., 2024. Desert-oasis evolutionary process in the Tarim Basin since ~2.2 ka B.P. during the late Holocene and their environmental implications. Catena, 246: 108381 [2024-12-30]. https://doi.org/10.1016/j.catena.2024.108381.

DI COSMO N, WAGNER S, BÜNTGEN U, 2021. Climate and environmental context of the Mongol invasion of Syria and defeat at 'Ayn Jālūt (1258-1260 CE). Erdkunde, 75: 87-104.

主要参考文献

DING G Q, CHEN J H, LEI Y B, et al., 2023. Precipitation variations in arid central Asia over past 2500 years: possible effects of climate change on development of Silk Road civilization. Global and Planetary Change, 226: 104142 [2024-06-12]. https://doi.org/10.1016/j.gloplacha.2023.104142.

DING Z J, ZHAO J N, WANG J, et al., 2020. Yardangs on Earth and implications to Mars: a review. Geomorphology, 364: 107230 [2022-04-12]. https://doi.org/10.1016/j.geomorph.2020.107230.

DONG G H, WANG L B, ZHANG D D, et al., 2021. Climate-driven desertification and its implications for the ancient Silk Road trade. Climate of the Past, 17(3): 1395-1407.

DONG G H, WANG Z L, REN L L, et al., 2014. A comparative study of ^{14}C dating on charcoal and charred seeds from Late Neolithic and Bronze Age sites in Gansu and Qinghai Provinces, NW China. Radiocarbon, 56(1): 157-163.

DONG Z B, LV P, LU J F, et al., 2012. Geomorphology and origin of Yardangs in the Kumtagh Desert, Northwest China. Geomorphology, 139/140: 145-154.

DOUGLASS K, HIXON S, WRIGHT H T, et al., 2019. A critical review of radiocarbon dates clarifies the human settlement of Madagascar. Quaternary Science Reviews, 221: 105878 [2021-02-15]. https://doi.org/10.1016/j.quascirev.2019.105878.

FLETCHER J, 1986. The Mongols: ecological and social perspectives. Harvard Journal of Asiatic Studies, 46(1): 11-50.

FONTANA L, SUN M, HUANG X, et al., 2019. The impact of climate change and human activity on the ecological status of Bosten Lake, NW China, revealed by a diatom record for the last 2000 years. The Holocene, 29(12): 1871-1884.

FORD B, 2013. The reuse of vessels as harbor structures: a cross-cultural comparison. Journal of Maritime Archaeology, 8: 197-219.

FRACHETTI M D, SMITH C E, TRAUB C M, et al., 2017. Nomadic ecology shaped the highland geography of Asia's Silk Roads. Nature, 543(7644): 193-198.

GALIMBERTI M, BRONK RAMSEY C, MANNING S W, 2004. Wiggle-match dating of tree-ring sequences. Radiocarbon, 46(2): 917-924.

GENG Y Y, SHAO Y, ZHANG T T, et al., 2019. High-resolution elevation model of Lop Nur playa derived from TanDEM-X. Journal of Sensors, 2019(1): 6839703 [2023-02-01]. https://doi.org/10.1155/2019/6839703.

GOODBURN D M, THOMAS C, 1997. Reused Medieval ship planks from Westminster, England, possibly derived from a vessel built in the cog style. International Journal of Nautical Archaeology, 26(1): 26-38.

GU Z Y, ZHANG J J, LV Y W, et al., 2021. The late Quaternary hydrological changes in the eastern Tarim Basin inferred from ^{10}Be exposure ages of river terraces. Journal of Geophysical Research: Atmospheres, 126: e2021JD035022 [2023 - 04 - 20]. https://doi.org/10.1029/2021JD035022.

HAJDAS I, ASCOUGH P, GARNETT M H, et al., 2021. Radiocarbon dating. Nature Reviews Methods Primer, 1: 62 [2022 - 10 - 15]. https://doi.org/10.1038/s43586 - 021 - 00058 - 7.

HANSEN V, 2012. Silk Road: a new history. New York: Oxford University Press.

HE L T, CAO H H, WANG Y Q, et al., 2023. Human migration in the eastern Tianshan Mountains between the 7th and 12th centuries. American Journal of Biological Anthropology, 181(1): 107 - 117.

HEDIN S A, 1902. Summary of the results of Dr. Sven Hedin's latest journey in Central Asia (1899–1902). The Geographical Journal, 20(3): 307 - 315.

HEDIN S A, 1898. Four years' travel in Central Asia. The Geographical Journal, 11(3): 240 - 258.

HEDIN S A, 1905. Scientific results of a journey in Central Asia 1899–1902. Stockholm: Stoockholm Scientific Report.

HERMANN P, 2008. The 'Silk Roads' concept reconsidered: about transfers, transportation and transcontinental interactions in prehistory. The Silk Road, 5(2): 7 - 15.

HOGG A G, HEATON T J, HUA Q, et al., 2020. SHCal20 Southern Hemisphere calibration, 0–55,000 Years cal BP. Radiocarbon, 62(4): 759 - 778.

HOPER S T, MCCORMAC F G, HOGG A G, et al., 1998. Evaluation of wood pretreatments on oak and cedar. Radiocarbon, 40(1): 45 - 50.

HÖRNER N G, 1932. Lop - Nor. Topographical and geological summary. Geografiska Annaler, 14(3/4): 297 - 321.

HÖRNER N G, CHEN P C, 1935. Alternating lakes. Some river changes and lake displacements in Central Asia. Geografiska Annaler, 17: 145 - 166.

HUANG X Z, CHEN C Z, JIA W N, et al., 2015. Vegetation and climate history reconstructed from an alpine lake in central Tianshan Mountains since 8.5 ka BP. Palaeogeography, Palaeoclimatology, Palaeoecology, 432: 36 - 48.

HUNTINGTON E, 1907a. Lop - Nor. A Chinese lake. Part I. The unexplored salt desert of Lop. Bulletin of the American Geographical Society, 39(2): 65 - 77.

HUNTINGTON E, 1907b. Lop - Nor. A Chinese lake. Part II. The historic lake (Lop - Nor). Bulletin of the American Geographical Society, 39(3): 137 - 146.

HUNTINGTON E, 1907c. The pulse of Asia: a journey in Central Asia illustrating the geographic basis of history. Boston: Houghton, Mifflin and Company.

JENKINS G, 1974. A note on climatic cycles and the rise of Chinggis Khan. Central Asiatic Journal, 18(4): 217-226.

JIA H J, WANG J Z, QIN X G, et al., 2017. Palynological implications for Late Glacial to middle Holocene vegetation and environmental history of the Lop Nur Xinjiang Uygur Autonomous Region, northwestern China. Quaternary International, 436(Part A): 162-169.

JIANG H E, FENG G P, LIU X L, et al., 2018. Drilling wood for fire: discoveries and studies of the fire-making tools in the Yanghai cemetery of ancient Turpan, China. Vegetation History and Archaeobotany, 27: 197-206.

KIM J, WRIGHT D K, HWANG J, et al., 2019. The old wood effect revisited: a comparison of radiocarbon dates of wood charcoal and short-lived taxa from Korea. Archaeological and Anthropological Sciences, 11: 3435-3448.

KONG X, BAI Y L, XU X F, et al., 2018. Environmental information revealed by sensitive grain size component of lake sediments in Longcheng Yardang on the Northeast Edge of Tarim Basin. IOP Conference Series: Materials Science and Engineering, 392(6): 062103 [2023.10.20]. https://iopscience.iop.org/article/10.1088/1757-899X/392/6/062103/pdf. DOI:10.1088/1757-899X/392/6/062103.

KOZLOFF P K, 1898. The Lob-Nor controversy. Geographical Journal, 11(6): 652-658.

LAUTERBACH S, WITT R, PLESSEN B, et al., 2014. Climatic imprint of the mid-latitude Westerlies in the Central Tian Shan of Kyrgyzstan and teleconnections to North Atlantic climate variability during the last 6000 years. The Holocene, 24(8): 970-984.

LI D F, LU X X, OVEREEM I, et al., 2021. Exceptional increases in fluvial sediment fluxes in a warmer and wetter High Mountain Asia. Science, 374(6567): 599-603.

LI H M, LIU F W, CUI Y F, et al., 2017. Human settlement and its influencing factors during the historical period in an oasis-desert transition zone of Dunhuang, Hexi Corridor, northwest China. Quaternary International, 458: 113-122.

LI K K, QIN X G, PLUNKETT G, et al., 2024a. Hydrological fluctuations in the Tarim Basin, northwest China, over the past millennium. Geology, 52(5): 367-372.

LI K K, QIN X G, XU B, et al., 2021. Palaeofloods at ancient Loulan, northwest China: geoarchaeological perspectives on burial practices. Quaternary International, 577: 131-138.

LI K K, QIN X G, XU B, et al., 2024b. Environmental and human history in the hyper-arid eastern Tarim Basin (Lop Nur), northwest China: a critical review for sustaining the natural and cultural landscapes. Quaternary International, 694: 51-69.

LI K K, QIN X G, ZHANG L, et al., 2018. Hydrological change and human activity during Yuan–Ming Dynasties in the Loulan area, northwestern China. The Holocene, 28(8): 1266–1275.

LI K K, QIN X G, ZHANG L, et al., 2019. Oasis landscape of the ancient Loulan on the west bank of Lake Lop Nur, Northwest China, inferred from vegetation utilization for architecture. The Holocene, 29(6): 1030–1044.

LIN Y C, XU L S, MU G J, 2018. Differential erosion and the formation of layered yardangs in the Loulan region (Lop Nur), eastern Tarim Basin. Aeolian Research, 30: 41–47.

LIU C L, ZHANG J F, JIAO P C, et al., 2016. The Holocene history of Lop Nur and its palaeoclimate implications. Quaternary Science Reviews, 148: 163–175.

LIU K X, ZHANG T W, SHANG H M, et al., 2023. Total streamflow variation for the upper catchment of Bosten Lake Basin in China inferred from tree-ring width records. Forests, 14(3): 622 [2024-02-15]. https://doi.org/10.3390/f14030622

LIU W G, LIU Z H, AN Z S, et al., 2014. Late Miocene episodic lakes in the arid Tarim Basin, western China. Proceedings of the National Academy of Sciences of the United States of America, 111(46): 16292–16296.

LIU Y, CAI W J, LIN X P, et al., 2022. Increased extreme swings of Atlantic intertropical convergence zone in a warming climate. Nature Climate Change, 12: 828–833.

LIU Y, SUN J Y, SONG H M, et al., 2010. Tree-ring hydrologic reconstructions for the Heihe River watershed, western China since AD 1430. Water Research, 44(9): 2781–2792.

LUO L, WANG X Y, LIU C S, et al., 2014. Integrated RS, GIS and GPS approaches to archaeological prospecting in the Hexi Corridor, NW China: a case study of the royal road to ancient Dunhuang. Journal of Archaeological Science, 50: 178–190.

LUO L, WANG X Y, LIU J, et al., 2017. Uncovering the ancient canal-based *tuntian* agricultural landscape at China's northwestern frontiers. Journal of Cultural Heritage, 23(S): 79–88.

LÜ F L, ZHANG H, HOU J Z, et al., 2020. Hydrological variations and the ancient silk road in the northern Tarim Basin between Han and Sui Dynasties. Acta Geologica Sinica, 94(3): 646–657.

LÜ F L, ZHANG H, LIU C L, et al., 2021. The finalization of the modern drainage pattern of the Tarim Basin: insights from petrology and detrital zircon geochronology of sediments from Lop Nur. Catena, 205: 105473 [2023-10-21]. https://doi.org/10.1016/j.catena.2021.105473.

LÜ H Y, XIA X C, LIU J Q, et al., 2010. A preliminary study of chronology for a newly-discovered ancient city and five archaeological sites in Lop Nor, China. Chinese Science Bulletin, 55: 63–71.

主要参考文献

MARGUERIE D, HUNOT J Y, 2007. Charcoal analysis and dendrology: data from archaeological sites in north-western France. Journal of Archaeological Science, 34(9): 1417-1433.

MERTENS M, 2019. Did Richthofen really coin "The Silk Road"?. The Silk Road, 17: 1-9.

MISCHKE S, LIU C L, ZHANG J F, et al., 2017. The world's earliest aral-sea type disaster: the decline of the Loulan Kingdom in the Tarim Basin. Scientific Reports, 7: 43102 [2022-05-12]. https://doi.org/10.1038/srep43102.

MISCHKE S, RAJABOV I, MUSTAEVA N, et al., 2010. Modern hydrology and late Holocene history of Lake Karakul, eastern Pamirs (Tajikistan): a reconnaissance study. Palaeogeography, Palaeoclimatology, Palaeoecology, 289(1/2/3/4): 10-24.

MIYAKE F, MASUDA K, NAKAMURA T, 2013. Another rapid event in the carbon-14 content of tree rings. Nature Communications, 4: 1748 [2022-10-20]. https://doi.org/10.1038/ncomms2783.

MIYAKE F, NAGAYA K, MASUDA K, et al., 2012. A signature of cosmic-ray increase in AD 774-775 from tree rings in Japan. Nature, 486: 240-242.

MURRAY A, ARNOLD L J, BUYLAERT J P, et al., 2021. Optically stimulated luminescence dating using quartz. Nature Reviews Methods Primers, 1: 72 [2023-10-20]. https://doi.org/10.1038/s43586-021-00068-5.

NELSON M S, GRAY H J, JOHNSON J A, et al., 2015. User guide for luminescence sampling in archaeological and geological contexts. Advances in Archaeological Practice, 3(2): 166-177.

OMBADI M, RISSER M D, RHOADES A M, et al., 2023. A warming-induced reduction in snow fraction amplifies rainfall extremes. Nature, 619: 305-310.

PANG H X, HOU S G, ZHANG W B, et al., 2020. Temperature trends in the northwestern Tibetan Plateau constrained by ice core water isotopes over the past 7,000 years. Journal of Geophysical Research: Atmospheres, 125(19): e2020JD032560 [2022-06-12]. https://doi.org/10.1029/2020JD032560.

PEDERSON N, HESSL A E, BAATARBILEG N, et al., 2014. Pluvials, droughts, the Mongol Empire, and modern Mongolia. Proceedings of National Academy of Sciences of the United Sates of America, 111(12): 4375-4379.

PETERSON T J, SAFT M, PEEL M C, et al., 2021. Watersheds may not recover from drought. Science, 372(6543): 745-749.

PUTNAM A E, PUTNAM D E, ANDREU-HAYLES L, et al., 2016. Little Ice Age wetting of interior Asian deserts and the rise of the Mongol Empire. Quaternary Science Reviews, 131(Part A): 33-50.

QIN C, YANG B, BURCHARDT I, et al., 2010. Intensified pluvial conditions during the twentieth century in the inland Heihe River Basin in arid northwestern China over the past millennium. Global and Planetary Change, 72(3): 192-200.

QIN X G, LIU J Q, JIA H J, et al., 2012. New evidence of agricultural activity and environmental change associated with the ancient Loulan Kingdom, China, around 1500 years ago. The Holocene, 22(1): 53-61.

REIMER P J, AUSTIN W E N, BARD E, et al., 2020. The IntCal20 northern hemisphere radiocarbon age calibration curve (0–55 cal kBP). Radiocarbon, 62(4): 725-757.

RICHARD B, QUILÈS F, CARTERET C, et al., 2014. Infrared spectroscopy and multivariate analysis to appraise α-cellulose extracted from wood for stable carbon isotope measurements. Chemical Geology, 381: 168-179.

RINN F, 2003. Time series analysis and presentation software (TSAP-Win) user reference (Version 0.53). Heidelberg: RinnTech.

ROMGARD J M, 2024. The birth of Silk Road studies in China//HENDERSON J, MORGAN S L, SALONIA M, et al. Reimagining the Silk Roads: interactions and perceptions across Eurasia. London: Routledge: 281-297.

SANDS R, 2021. Life beyond life: repair, reuse, and recycle—the many lives of wooden objects and the mutability of trees. Archaeometry, 64(S1): 168-186.

SANTOS G M, KOMATSU A S Y, RENTERIA J M, Jr, et al., 2023. A universal approach to alpha-cellulose extraction for radiocarbon analysis of ^{14}C-free to post-bomb ages. Quaternary Geochronology, 74: 101414 [2024-10-20]. https://doi.org/10.1016/j.quageo.2022.101414.

SCHNEIDER T, BISCHOFF T, HAUG G H, 2014. Migrations and dynamics of the intertropical convergence zone. Nature, 513: 45-53.

SCHWARZ A, TURNER F, LAUTERBACH S, et al., 2017. Mid- to late Holocene climate-driven regime shifts inferred from diatom, ostracod and stable isotope records from Lake Son Kol (Central Tian Shan, Kyrgyzstan). Quaternary Science Reviews, 177: 340-356.

SHAO Y, GONG H Z, ELACHI C, et al., 2022. The lake-level changes of Lop Nur over the past 2000 years and its linkage to the decline of the ancient Loulan Kingdom. Journal of Hydrology: Regional Studies, 40: 101002 [2023-12-30]. https://doi.org/10.1016/j.ejrh.2022.101002.

SHENG P, ZHAO M, DANG Z, et al., 2023. Foodways of the Medieval Tibetans on the Silk Road: new evidence from the Miran Site in Xinjiang. The Holocene, 33(1): 91-100.

SHI Z L, CHEN T T, STOROZUM M J, et al., 2019. Environmental and social factors influencing the spatiotemporal variation of archaeological sites during the historical period in the Heihe River basin, northwest China. Quaternary International, 507: 34-42.

主要参考文献

SPENGLER R N, Ⅲ, 2019. Fruit from the sands: the Silk Road origins of the foods we eat. Oakland: University of California Press.

STÅHLBERG S, SVANBERG I, 2010. Loplyk fishermen: ecological adaptation in the Taklamakan Desert. Anthropos, 105(2): 423-439.

STEIN M A, 1921. Serindia: detailed report of explorations in Central Asia and westernmost China. Oxford: Clarendon Press.

STEIN M A, 1928. Innermost Asia: detailed report of explorations in Central Asia, Kan-Su and Eastern Iran. Oxford: Clarendon Press.

STUIVER M, REIMER P J, 1993. Extended ^{14}C data base and revised CALIB 3.0 ^{14}C age calibration program. Radiocarbon, 35(1): 215-230.

SVANBERG I, STÅHLBERG S, 2020. Fisher-foragers amidst the reeds: Loptuq perception of waterscapes in the Lower Tarim area. Ethnobiology Letters, 11(1): 128-136.

TAKEUCHI N, FUJITA K, AIZEN V B, et al., 2014. The disappearance of glaciers in the Tien Shan Mountains in Central Asia at the end of Pleistocene. Quaternary Science Reviews, 103: 26-33.

TAN L C, CHENG H, LI D, et al., 2024. Hydroclimatic changes on multiple timescales since 7800 y BP in the winter precipitation-dominated Central Asia. Proceedings of National Academy of Sciences of the United States of America, 121(14): e2321645121 [2024-12-30]. https://doi.org/10.1073/pnas.2321645121.

TAO H, GEMMER M, BAI Y G, et al., 2011. Trends of streamflow in the Tarim River Basin during the past 50 years: human impact or climate change?. Journal of Hydrology, 400(1/2): 1-9.

TAO S C, AN C B, CHEN F H, et al., 2010. Pollen-inferred vegetation and environmental changes since 16.7 ka BP at Balikun Lake, Xinjiang. Chinese Science Bulletin, 55: 2449-2457.

TARASOV P E, DEMSKE D, LEIPE C, et al., 2019. An 8500-year palynological record of vegetation, climate change and human activity in the Bosten Lake region of Northwest China. Palaeogeography, Palaeoclimatology, Palaeoecology, 516: 166-178.

THEVS N, ZERBE S, PEPER J, et al., 2008a. Vegetation and vegetation dynamics in the Tarim River floodplain of continental-arid Xinjiang, NW China. Phytocoenologia, 38(1/2): 65-84.

THEVS N, ZERBE S, SCHNITTLER M, et al., 2008b. Structure, reproduction and flood-induced dynamics of riparian Tugai forests at the Tarim River in Xinjiang, NW China. Forestry, 81(1): 45-57.

THOMPSON L G, MOSLEY-THOMPSON E, DAVIS M E, et al., 1995. A 1000 year climate ice – core record from the Guliya ice cap, China: its relationship to global climate variability. Annals of Glaciology, 21: 175 – 181.

THOMPSON L G, YAO T D, DAVIS M E, et al., 2024. Ice core evidence for an orbital – scale climate transition on the Northwest Tibetan Plateau. Quaternary Science Reviews, 324: 108443[2024 – 12 – 31]. https://doi.rog/10.1016/j.quascirev.2023.108443.

WANG C, LU H Y, ZHANG J P, et al., 2014. Prehistoric demographic fluctuations in China inferred from radiocarbon data and their linkage with climate change over the past 50,000 years. Quaternary Science Reviews, 98: 45 – 59.

WANG H P, CHEN J H, QIU M H, et al., 2024. Climate change drove the route shift of the ancient Silk Road in two distinct ways. Science Bulletin, 69(8): 1153 – 1160.

WANG S J, YANG G H, BERSHAW J, et al., 2024b. Interannual variations in stable isotopes of atmospheric water in arid Central Asia due to changes in atmospheric circulation. Global and Planetary Change, 234: 104367[2024 – 10 – 25]. https://doi.org/10.1016/j.gloplacha.2024.104367.

WANG S Z, SHAO X M, XU X G, et al., 2008. Dating of tombs in Delingha, Qinghai Province, China, on the basis of a 2332 – year tree – ring juniper chronology (*Sabina przewalskii* Kom) (1575 BC–756 AD). Dendrochronologia, 26(1): 35 – 41.

WANG T T, FULLER B T, JIANG H E, et al., 2022. Revealing lost secrets about Yingpan Man and the Silk Road. Scientific Reports, 12: 669[2024 – 08 – 20]. https://doi.org/10.1038/s41598 – 021 – 04383 – 5.

WANG W, FENG Z D, RAN M, et al., 2013. Holocene climate and vegetation changes inferred from pollen records of Lake Aibi, northern Xinjiang, China: a potential contribution to understanding of Holocene climate pattern in East – central Asia. Quaternary International, 311: 54 – 62.

WANG X Y, LI K K, WEI D, et al., 2024. Diet along the eastern Silk Roads: an isotopic case study of ancient humans and livestock from the Han – Jin Dynasties in the Lop Nur region, northwest China. Archaeological and Anthropological Sciences, 16: 163(2024 – 09 – 13)[2024 – 10 – 20]. https://doi.org/10.1007/s12520 – 024 – 02068 – 4.

WANG X Y, SHEN H, WEI D, et al., 2020. Human mobility in the Lop Nur region during the Han – Jin Dynasties: a multi – approach study. Archaeological and Anthropological Sciences, 12(1): 20[2022 – 05 – 06]. https://doi.org/10.1007/s12520 – 019 – 00956 – 8.

WANG Z C, 2010. The changes of Lop Nur Lake and the disappearance of Loulan. Journal of Arid Land, 2(4): 295 – 303.

主要参考文献

WOLFF C, PLESSEN B, DUDASHVILLI A S, et al., 2016. Precipitation evolution of Central Asia during the last 5000 years. The Holocene, 27(1): 142-154.

XIAO J L, FAN J W, ZHOU L, et al., 2013. A model for linking grain-size component to lake level status of a modern clastic lake. Journal of Asian Earth Sciences, 69: 149-158.

XIE H C, LIANG J, VACHULA R S, et al., 2021. Changes in the hydrodynamic intensity of Bosten Lake and its impact on early human settlement in the northeastern Tarim Basin, Arid Central Asia. Palaeogeography, Palaeoclimatology, Palaeoecology, 576: 110499 [2024-06-15]. https://doi.org/10.1016/j.palaeo.2021.110499.

XU B, GU Z Y, QIN X G, et al., 2017. Radiocarbon dating the ancient city of Loulan. Radiocarbon, 59(4): 1215-1226.

XU D K, LI C, JIN Y Y, et al., 2023. Relationship between the rise and fall of Loulan ancient city and centennial-scale climate events and cycles. Frontiers of Earth Science, 17: 1070-1080.

XU S X, WANG Y H, LIU Y, et al., 2023. Evaluating the cumulative and time-lag effects of vegetation response to drought in Central Asia under changing environments. Journal of Hydrology, 627: 130455 [2024-02-20]. https://doi.org/10.1016/j.jhydrol.2023.130455.

YAN H, WEI W, SOON W, et al., 2015. Dynamics of the intertropical convergence zone over the western Pacific during the Little Ice Age. Nature Geoscience, 8: 315-320.

YANG B, BRAEUNING A, SHI Y F, et al., 2004. Evidence for a late Holocene warm and humid climate period and environmental characteristics in the arid zones of northwest China during 2.2~1.8 kyr B.P. Journal of Geophysical Research: Atmospheres, 109(D2): D02105 [2020-06-12]. https://doi.org/10.1029/2003JD003787.

YANG B, QIN C, SHI F, et al., 2011. Tree ring-based annual streamflow reconstruction for the Heihe River in arid northwestern China from AD 575 and its implications for water resource management. The Holocene, 22(7): 773-784.

YANG B, QIN C, WANG J L, et al., 2014. A 3,500-year tree-ring record of annual precipitation on the northeastern Tibetan Plateau. Proceedings of National Academy of Sciences of the United States of America, 111(8): 2903-2908.

YANG J H, DONG Z B, LIU Z Y, et al., 2019. Migration of barchan dunes in the western Quruq Desert, northwestern China. Earth Surface Processes and Landforms, 44(10): 2016-2029.

YANG L E, WIESEHÖFER J, BORK H R, et al., 2017. The role of environment in the socio-cultural changes of the ancient Silk Road Area. Past Global Changes Magazine, 25(3): 165.

YANG X P, LIU Z F, ZHANG F F, et al., 2006. Hydrological changes and land degradation in the southern and eastern Tarim basin, Xinjiang, China. Land Degradation & Development, 17(4): 381–392.

YANG X P, ZHU Z D, JAEKEL D, et al., 2002. Late Quaternary palaeoenvironment change and landscape evolution along the Keriya River, Xinjiang, China: the relationship between high mountain glaciation and landscape evolution in foreland desert regions. Quaternary International, 97/98: 155–166.

YAO T D, THOMPSON L G, QIN D H, et al., 1996a. Variations in temperature and precipitation in the past 2000 a on the Xizang (Tibet) Plateau: Guliya ice core record. Science in China (Series D), 39(4): 425–433.

YAO T D, YANG Z H, HUANG C L, 1996b. Preliminary research on the climatic and environmental changes by using the 2 ka Guliya ice core data. Chinese Science Bulletin, 41(12): 1103–1106.

YE Y D, LIU Y, LI Q, et al., 2023. A 195-year growing season relative humidity reconstruction using tree-ring cellulose $\delta^{13}C$ in the Upper Tarim River Basin, NW China. Forests, 14(4): 682 (2023-03-26)[2024-06-10]. https://doi.org/10.3390/f14040682.

ZHANG F, WANG T, YIMIT H, et al., 2011. Hydrological changes and settlement migrations in the Keriya River delta in central Tarim Basin ca. 2.7–1.6 ka BP: inferred from ^{14}C and OSL chronology. Science China Earth Sciences, 54(12): 1971–1980.

ZHANG G L, WANG S Z, FERGUSON D K, et al., 2017a. Ancient plant use and palaeoenvironmental analysis at the Gumugou Cemetery, Xinjiang, China: implication from desiccated plant remains. Archaeological and Anthropological Sciences, 9: 145–152.

ZHANG G L, WANG Y Q, SPATE M, et al., 2017b. Investigation of the diverse plant uses at the South Aisikexiaer Cemetery (~2700–2400 years BP) in the Hami Basin of Xinjiang, Northwest China. Archaeological and Anthropological Sciences, 11: 699–711.

ZHANG J F, LIU C L, WU X H, et al., 2012. Optically stimulated luminescence and radiocarbon dating of sediments from Lop Nur (Lop Nor), China. Quaternary Geochronology, 10: 150–155.

ZHANG J F, ZHOU L P, 2007. Optimization of the 'double SAR' procedure for polymineral fine grains. Radiation Measurements, 42(9): 1475–1482.

ZHANG J J, XU B, GU Z Y, et al., 2023. Coupling of river discharges and alpine glaciers in arid Central Asia. Quaternary International, 667: 19–28.

ZHANG J P, LU H Y, WU N Q, et al., 2013. Palaeoenvironment and agriculture of ancient Loulan and Milan on the Silk Road. The Holocene, 23(2): 208–217.

ZHANG T, LI D F, EAST A E, et al., 2023. Shifted sediment-transport regimes by climate change and amplified hydrological variability in cryosphere – fed rivers. Science Advances, 9(45): eadi5019 [2024 – 02 – 20]. https://www.science.org/doi/full/10.1126/sciadv.adi5019.

ZHANG T T, SHAO Y, GENG Y Y, et al., 2021. A study on historical location and evolution of Lop Nor in China with maps and DEM. Journal of Arid Land, 13: 639 – 652.

ZHONG W, XUE J B, SHU Q, et al., 2007. Climatic change during the last 4000 years in the southern Tarim Basin, Xinjiang, northwest China. Journal of Quaternary Science, 22(7): 659 – 665.

ZHOU H H, CHEN Y N, HAO X M, et al., 2019. Tree rings: a key ecological indicator for reconstruction of groundwater depth in the lower Tarim River, Northwest China. Ecohydrology, 12(8): e2142 [2020 – 05 – 15]. https://doi.org/10.1002/eco.2142.

ZHOU H H, CHEN Y N, ZHU C G, et al., 2020. Climate change may accelerate the decline of desert riparian forest in the lower Tarim River, Northwestern China: evidence from tree – rings of *Populus euphratica*. Ecological Indicators, 111: 105997 [2020 – 06 – 16]. https://doi.org/10.1016/j.ecolind.2019.105997.

附 录

附表 1 塔里木盆地中世纪古林地碳十四年代数据

附表 1.1 塔里木盆地中世纪古林地的碳十四测年数据

序号	采样点	实验室编号	样品编号	测年材料	碳十四年龄/BP	来源	经度/(°)	纬度/(°)
1	罗布泊西岸	Beta-576777	2010LK17	芦苇秆	180±30	Li et al.,2024a	E89.403 992	N39.607 275
2	罗布泊西岸	Beta-576776	2010LK15	芦苇秆	260±30	Li et al.,2024a	E89.614 792	N39.916 056
3	罗布泊西岸	Beta-576775	2010LK14	芦苇秆	340±30	Li et al.,2024a	E89.640 198	N39.951 596
4	罗布泊西岸	Beta-576774	2010LK13-2	胡杨木最外部	620±30	Li et al.,2024a	E89.673 157	N40.000 268
5	罗布泊西岸	Beta-576773	2010LK12	胡杨木最外部	750±30	Li et al.,2024a	E89.717 445	N40.063 884
6	罗布泊西岸	Beta-576772	2010LK10-3	芦苇秆	510±30	Li et al.,2024a	E89.739 397	N40.096 245
7	罗布泊西岸	Beta-576771	2010LK08	胡杨木最外部	570±30	Li et al.,2024a	E89.824 562	N40.184 906
8	罗布泊西岸	Beta-576770	2010LK07	芦苇秆	540±30	Li et al.,2024a	E89.850 655	N40.231 839
9	罗布泊西岸	Beta-576769	2010LK06	芦苇秆	550±30	Li et al.,2024a	E89.844 303	N40.243 567
10	罗布泊西岸	Beta-576768	2010LK05	胡杨木最外部	600±30	Li et al.,2024a	E89.873 829	N40.259 093
11	罗布泊西岸	Beta-520071	16kk-Age-485	胡杨木最外部	580±30	Li et al.,2024a	E89.765 455	N40.572 142

续附表 1.1

序号	采样点	实验室编号	样品编号	测年材料	碳十四年龄/BP	来源	经度/(°)	纬度/(°)
12	罗布泊西岸	Beta-520069	16kk-Age-512	胡杨木最外部	440±30	Li et al.,2024a	E89.790 016	N40.525 918
13	罗布泊西岸	Beta-520068	16kk-Age-513	芦苇秆	650±30	Li et al.,2024a	E89.790 016	N40.525 918
14	罗布泊西岸	Beta-520067	16kk-Age-601	芦苇秆	600±30	Li et al.,2024a	E89.842 585	N40.309 997
15	罗布泊西岸	Beta-520066	16kk-Age-602	柽柳枝	450±30	Li et al.,2024a	E89.847 957	N40.300 820
16	罗布泊西岸	Beta-520065	16kk-Age-603	芦苇秆	640±30	Li et al.,2024a	E89.857 278	N40.283 506
17	罗布泊西岸	Beta-520064	16kk-Age-604	芦苇秆	610±30	Li et al.,2024a	E89.860 679	N40.276 932
18	罗布泊西岸	Beta-520063	16kk-Age-608	胡杨木最外部	630±30	Li et al.,2024a	E89.821 845	N40.162 451
19	罗布泊西岸	Beta-520062	16kk-Age-610	芦苇秆	570±30	Li et al.,2024a	E89.775 297	N40.147 606
20	罗布泊西岸	Beta-520061	16kk-Age-639	芦苇秆	510±30	Li et al.,2024a	E89.607 887	N40.093 653
21	罗布泊西岸	Beta-520059	17kk-Age-5	芦苇秆	590±30	Li et al.,2024a	E89.984 767	N40.602 328
22	罗布泊西岸	Beta-520057	17kk-Age-9	柽柳皮	720±30	Li et al.,2024a	E89.952 167	N40.601 250
23	罗布泊西岸	Beta-520056	17kk-Age-11	柽柳枝	560±30	Li et al.,2024a	E90.034 556	N40.645 942
24	罗布泊西岸	Beta-520055	17kk-Age-13	胡杨木最外部	580±30	Li et al.,2024a	E90.043 763	N40.653 254
25	罗布泊西岸	Beta-520054	17kk-Age-22	芦苇秆	200±30	Li et al.,2024a	E90.207 990	N40.747 867
26	罗布泊西岸	Beta-520053	17kk-Age-55	芦苇秆	140±30	Li et al.,2024a	E90.272 714	N40.719 298
27	罗布泊西岸	Beta-483871	TR03-2	胡杨木最外侧	610±30	Li et al.,2024a	E89.869 584	N40.379 157
28	罗布泊西岸	Beta-483870	TR03-1	胡杨木最外部	590±30	Li et al.,2024a	E89.869 584	N40.379 157
29	罗布泊西岸	Beta-483869	TR02-2	胡杨木最内侧	670±30	Li et al.,2024a	E89.869 584	N40.379 157
30	罗布泊西岸	Beta-483868	TR02-1	胡杨木最外侧	580±30	Li et al.,2024a	E89.869 584	N40.379 157
31	罗布泊西岸	Beta-483867	TR01-2	胡杨木最内侧	610±30	Li et al.,2024a	E89.834 496	N40.426 340

续附表 1.1

序号	采样点	实验室编号	样品编号	测年材料	碳十四年龄/BP	来源	经度/(°)	纬度/(°)
32	罗布泊西岸	Beta-483866	TR01-1	胡杨木最外部	580±30	Li et al.,2024a	E89.834 496	N40.426 340
33	罗布泊西岸	Beta-483865	L04	芦苇秆	590±30	Li et al.,2024a	E90.025 303	N40.453 275
34	罗布泊西岸	Beta-483864	L03	芦苇秆	590±30	Li et al.,2024a	E89.898 405	N40.355 953
35	罗布泊西岸	Beta-483863	L02	芦苇秆	520±30	Li et al.,2024a	E89.897 000	N40.360 000
36	罗布泊西岸	Beta-483862	L01	芦苇秆	620±30	Li et al.,2024a	E89.831 246	N40.416 428
37	罗布泊西岸	CN222	15Zh-Age-42	胡杨木最外部	260±40	Li et al.,2024a	E89.910 917	N40.403 250
38	罗布泊西岸	CN271	14Zh-Age-21	芦苇秆	215±25	Li et al.,2024a	E90.091 861	N40.593 444
39	罗布泊西岸	Beta-520052	17kk-Age-56	芦苇秆	142.77±0.53pMC	Li et al.,2024a	E89.995 194	N40.689 806
40	罗布泊西岸	Beta-494771	17L60	芦苇秆	109.51±0.41pMC	Li et al.,2024a	E90.000 414	N40.683 832
41	罗布泊西岸	Beta-520060	17kk-Age-1	芦苇秆	155.76±0.58pMC	Li et al.,2024a	E90.089 806	N40.639 111
42	罗布泊西岸	Beta-520058	17kk-Age-8	柽柳枝	104.58±0.39pMC	Li et al.,2024a	E89.957 222	N40.596 417
43	罗布泊西岸	UBA-49551	Q12843	胡杨（第2年轮）	639±21	Li et al.,2024a	E89.866 606	N40.386 600
44	罗布泊西岸	UBA-49552-2	Q12843	胡杨（第10年轮）	631±22	Li et al.,2024a	E89.866 606	N40.386 600
45	罗布泊西岸	UBA-49553	Q12843	胡杨（第20年轮）	639±28	Li et al.,2024a	E89.866 606	N40.386 600
46	罗布泊西岸	UBA-49554	Q12843	胡杨（第30年轮）	591±29	Li et al.,2024a	E89.866 606	N40.386 600
47	罗布泊西岸	UBA-49555	Q12843	胡杨（第39年轮）	628±28	Li et al.,2024a	E89.866 606	N40.386 600
48	罗布泊西岸	UBA-50043	Q12852	柽柳（第30年轮）	545±21	Li et al.,2024a	E89.687 370	N40.114 473
49	罗布泊西岸	UBA-50044	Q12853	柽柳（第30年轮）	554±25	Li et al.,2024a	E89.687 370	N40.114 473
50	罗布泊西岸	UBA-49775	Q12855	柽柳（第65～第67年轮）	407±20	Li et al.,2024a	E89.680 811	N40.100 880

续附表 1.1

序号	采样点	实验室编号	样品编号	测年材料	碳十四年龄/BP	来源	经度/(°)	纬度/(°)
51	罗布泊西岸	UBA-50045	Q12859	柽柳(第7~第10年轮)	893±19	Li et al.,2024a	E89.680 811	N40.100 880
52	罗布泊西岸	CN186	15Zh-Age-2	芦苇秆	650±30	Li et al.,2018	E89.940 483	N40.423 100
53	罗布泊西岸	CN189	15Zh-Age-5	芦苇秆	600±25	Li et al.,2018	E90.043 741	N40.697 292
54	罗布泊西岸	CN193	15Zh-Age-9	胡杨木最外部	720±25	Li et al.,2018	E89.985 873	N40.494 072
55	罗布泊西岸	CN194	15Zh-Age-10	胡杨木最外部	340±40	Li et al.,2018	E89.985 873	N40.494 072
56	罗布泊西岸	CN196	15Zh-Age-12	胡杨木最外部	500±30	Li et al.,2018	E89.985 873	N40.494 072
57	罗布泊西岸	CN198	15Zh-Age-14	胡杨木最外部	550±25	Li et al.,2018	E89.985 873	N40.494 072
58	罗布泊西岸	CN199	15Zh-Age-15	胡杨木最外部	545±30	Li et al.,2018	E89.985 873	N40.494 072
59	罗布泊西岸	CN201	15Zh-Age-17	胡杨木最外部	655±20	Li et al.,2018	E89.985 873	N40.494 072
60	罗布泊西岸	CN202	15Zh-Age-18	胡杨木最外部	360±30	Li et al.,2018	E89.985 873	N40.494 072
61	罗布泊西岸	CN203	15Zh-Age-19	胡杨木最外部	440±40	Li et al.,2018	E89.985 873	N40.494 072
62	罗布泊西岸	CN204	15Zh-Age-20	胡杨木最外部	530±25	Li et al.,2018	E89.985 873	N40.494 072
63	罗布泊西岸	CN206	15Zh-Age-22	芦苇秆	585±25	Li et al.,2018	E89.981 802	N40.471 926
64	罗布泊西岸	CN207	15Zh-Age-23	柽柳枝	580±140	Li et al.,2018	E89.992 079	N40.472 729
65	罗布泊西岸	CN208	15Zh-Age-24	胡杨木最外部	670±30	Li et al.,2018	E89.880 223	N40.481 316
66	罗布泊西岸	CN209	15Zh-Age-25	胡杨木最外部	705±30	Li et al.,2018	E89.880 223	N40.481 316
67	罗布泊西岸	CN210	15Zh-Age-26	胡杨木最外部	715±25	Li et al.,2018	E89.880 223	N40.481 316
68	罗布泊西岸	CN211	15Zh-Age-27	胡杨木最外部	695±20	Li et al.,2018	E89.880 223	N40.481 316
69	罗布泊西岸	CN212	15Zh-Age-28	胡杨木最外部	680±30	Li et al.,2018	E89.880 223	N40.481 316

续附表 1.1

序号	采样点	实验室编号	样品编号	测年材料	碳十四年龄/BP	来源	经度/(°)	纬度/(°)
70	罗布泊西岸	CN213	15Zh-Age-29	胡杨木最外部	360±30	Li et al.,2018	E89.880 223	N40.481 316
71	罗布泊西岸	CN214	15Zh-Age-30	胡杨木最外部	625±25	Li et al.,2018	E89.880 223	N40.481 316
72	罗布泊西岸	CN215	15Zh-Age-31	胡杨木最外部	500±30	Li et al.,2018	E89.880 223	N40.481 316
73	罗布泊西岸	CN216	15Zh-Age-32	胡杨木最外部	490±30	Li et al.,2018	E89.880 223	N40.481 316
74	罗布泊西岸	CN217	15Zh-Age-33	胡杨木最外部	550±110	Li et al.,2018	E89.880 223	N40.481 316
75	罗布泊西岸	CN218	15Zh-Age-38	胡杨木最外部	670±25	Li et al.,2018	E89.910 956	N40.403 119
76	罗布泊西岸	CN219	15Zh-Age-39	胡杨木最外部	550±25	Li et al.,2018	E89.910 956	N40.403 119
77	罗布泊西岸	CN220	15Zh-Age-40	胡杨木最外部	615±25	Li et al.,2018	E89.910 956	N40.403 119
78	罗布泊西岸	CN221	15Zh-Age-41	胡杨木最外部	650±30	Li et al.,2018	E89.910 956	N40.403 119
79	罗布泊西岸	CN223	15Zh-Age-43	胡杨木最外部	630±25	Li et al.,2018	E89.910 956	N40.403 119
80	罗布泊西岸	CN224	15Zh-Age-44	胡杨木最外部	510±40	Li et al.,2018	E89.910 956	N40.403 119
81	罗布泊西岸	CN225	15Zh-Age-45	胡杨木最外部	680±25	Li et al.,2018	E89.910 956	N40.403 119
82	罗布泊西岸	CN226	15Zh-Age-46	胡杨木最外部	595±25	Li et al.,2018	E89.9109 56	N40.403 119
83	罗布泊西岸	CN227	15Zh-Age-47	胡杨木最外部	595±25	Li et al.,2018	E89.910 956	N40.403 119
84	罗布泊西岸	CN228	15Zh-Age-48	胡杨木最外部	595±25	Li et al.,2018	E89.910 956	N40.403 119
85	罗布泊西岸	CN229	15Zh-Age-49	胡杨木最外部	650±30	Li et al.,2018	E89.910 956	N40.403 119
86	罗布泊西岸	CN273	14Zh-Age-23	柽柳枝	375±20	Li et al.,2018	E89.933 695	N40.580 223
87	罗布泊西岸	CN275	14Zh-Age-25	柽柳枝	440±25	Li et al.,2018	E89.958 413	N40.389 988
88	罗布泊西岸	CN277	14Zh-Age-27	柽柳枝	625±20	Li et al.,2018	E89.895 302	N40.545 792
89	罗布泊西岸	CN282	14Zh-Age-32	芦苇秆	555±20	Li et al.,2018	E89.900 776	N40.524 452

续附表 1.1

序号	采样点	实验室编号	样品编号	测年材料	碳十四年龄/BP	来源	经度/(°)	纬度/(°)
90	罗布泊西岸	CN268	14Zh-Age-18	柽柳枝	470±30	Li et al.,2018	E90.000 100	N40.570 600
91	罗布泊西岸	CN274	14Zh-Age-24	柽柳枝	580±25	Li et al.,2018	E89.956 509	N40.501 582
92	罗布泊西岸	CN267	14Zh-Age-17	芦苇秆	560±35	Li et al.,2018	E89.978 472	N40.557 760
93	罗布泊西岸	CN286	14Zh-Age-36	芦苇秆	585±20	Li et al.,2018	E89.964 188	N40.563 751
94	罗布泊西岸	CN288	14Zh-Age-38	碳化芦苇	420±40	Li et al.,2018	E89.964 655	N40.564 599
95	罗布泊西岸	CN289	14Zh-Age-39	柽柳枝	570±25	Li et al.,2018	E89.964 964	N40.563 546
96	罗布泊西岸	CN531	LC-16-003	芦苇秆	705±25	林永崇等,2020	E89.978 333	N40.460 056
97	罗布泊西岸	CN546	LC-16-161	芦苇秆	535±20	林永崇等,2020	E89.869 139	N40.330 139
98	罗布泊西岸	CN556	LC-16-219	芦苇秆	560±25	林永崇等,2020	E89.808 500	N40.383 722
99	罗布泊西岸	CN561	LC-16-237	芦苇秆	620±30	林永崇等,2020	E89.671 417	N40.091 139
100	喀拉和顺	ETH-40754	LN-10-01a	螺壳碎片(双壳类)	490±35	Putnam et al.,2016	E89.920 000	N39.710 000
101	喀拉和顺	ETH-41910	LN-10-01b	螺壳碎片(腹足类)	520±45	Putnam et al.,2016	E89.920 000	N39.710 000
102	喀拉和顺	ETH-40755	LN-10-02a	螺壳碎片(双壳类)	375±35	Putnam et al.,2016	E89.920 000	N39.710 000
103	喀拉和顺	ETH-41911	LN-10-02b	螺壳碎片(双壳类)	845±45	Putnam et al.,2016	E89.920 000	N39.710 000
104	喀拉和顺	ETH-41912	LN-10-02c	螺壳碎片(双壳类)	410±45	Putnam et al.,2016	E89.920 000	N39.710 000
105	喀拉和顺	ETH-41912	LN-10-02d	螺壳碎片(双壳类)	530±45	Putnam et al.,2016	E89.920 000	N39.710 000
106	阿克苏河—和田河	ETH-40752	TD-10-08	胡杨木	525±30	Putnam et al.,2016	E81.090 000	N40.320 000
107	阿克苏河—和田河	ETH-41902	TD-10-03a	木材残片	105±40	Putnam et al.,2016	E81.090 000	N40.320 000

续附表 1.1

序号	采样点	实验室编号	样品编号	测年材料	碳十四年龄/BP	来源	经度/(°)	纬度/(°)
108	阿克苏河—和田河	ETH-41903	TD-10-03b	木材残片	275±40	Putnam et al.,2016	E81.090 000	N40.320 000
109	阿克苏河—和田河	ETH-41904	TD-10-03c	木材残片	90±40	Putnam et al.,2016	E81.090 000	N40.320 000
110	阿克苏河—和田河	ETH-41905	TD-10-03d	木材残片	235±40	Putnam et al.,2016	E81.090 000	N40.320 000
111	阿克苏河—和田河	ETH-41906	TD-10-03e	木材残片	95±40	Putnam et al.,2016	E81.090 000	N40.320 000
112	阿克苏河—和田河	ETH-41907	TD-10-05-outer	胡杨木	105±40	Putnam et al.,2016	E81.090 000	N40.320 000
113	阿克苏河—和田河	ETH-41908	TD-10-06-inner	胡杨木	115±40	Putnam et al.,2016	E81.090 000	N40.320 000
114	阿克苏河—和田河	ETH-41909	TD-10-09	胡杨木	500±40	Putnam et al.,2016	E81.090 000	N40.320 000
115	阿克苏河—和田河	ETH-40753	TD-10-10	胡杨木	455±30	Putnam et al.,2016	E81.090 000	N40.320 000
116	阿克苏河—和田河	UCIAMS-112536	TD-14C-10-outer	胡杨木	530±20	Putnam et al.,2016	E81.090 000	N40.320 000
117	阿克苏河—和田河	UCIAMS-112537	TD-14C-10-inner	胡杨木	625±20	Putnam et al.,2016	E81.090 000	N40.320 000

续附表 1.1

序号	采样点	实验室编号	样品编号	测年材料	碳十四年龄/BP	来源	经度/(°)	纬度/(°)
118	阿克苏河—和田河	UCIAMS-112543	TD-14C-7-outer	胡杨木	495±20	Putnam et al.,2016	E81.090 000	N40.320 000
119	阿克苏河—和田河	UCIAMS-112543	TD-14C-7-inner	胡杨木	675±20	Putnam et al.,2016	E81.090 000	N40.320 000
120	阿克苏河—和田河	UCIAMS-112538	TD-14C-12-outer	胡杨木	570±25	Putnam et al.,2016	E81.090 000	N40.320 000
121	阿克苏河—和田河	UCIAMS-112539	TD-14C-12-inner	胡杨木	670±20	Putnam et al.,2016	E81.090 000	N40.320 000
122	阿克苏河—和田河	ETH-40751	TD-10-01-recon	柽柳木	600±30	Putnam et al.,2016	E80.990 000	N40.090 000
123	阿克苏河—和田河	ETH-41899	TD-10-01-inner	柽柳木	800±40	Putnam et al.,2016	E80.990 000	N40.090 000
124	阿克苏河—和田河	ETH-41900	TD-01-01-outer	柽柳木	450±40	Putnam et al.,2016	E80.990 000	N40.090 000
125	阿克苏河—和田河	ETH-41901	TD-10-02	胡杨木	605±40	Putnam et al.,2016	E80.990 000	N40.090 000
126	尼雅河	ETH-43844	TD-14C-438-4	胡杨木	235±30	Putnam et al.,2016	E83.150 000	N38.220 000
127	尼雅河	ETH-46142	TD-14C-438-3	胡杨木	365±25	Putnam et al.,2016	E83.150 000	N38.220 000
128	尼雅河	ETH-46143	TD-14C-438-5	胡杨木	310±25	Putnam et al.,2016	E83.150 000	N38.220 000

续附表1.1

序号	采样点	实验室编号	样品编号	测年材料	碳十四年龄/BP	来源	经度/(°)	纬度/(°)
129	尼雅河	ETH-46147	TD-14C-438_section	胡杨木	370±25	Putnam et al.,2016	E83.150 000	N38.220 000
130	尼雅河	UCIAMS-112540	TD-14C-438-1(outer)	胡杨木	385±20	Putnam et al.,2016	E83.150 000	N38.220 000
131	尼雅河	UCIAMS-112541	TD-14C-438-1(inner)	胡杨木	510±20	Putnam et al.,2016	E83.150 000	N38.220 000
132	尼雅河	UCIAMS-112542	TD-14C-438-2(outer)	胡杨木	470±20	Putnam et al.,2016	E83.150 000	N38.220 000
133	尼雅河	UCIAMS-112543	TD-14C-438-2(inner)	胡杨木	670±25	Putnam et al.,2016	E83.150 000	N38.220 000
134	尼雅河	ETH-46148	TD-14C-438-R1a	芦苇秆	815±25	Putnam et al.,2016	E83.150 000	N38.220 000
135	尼雅河	ETH-46612	D-14C-438-R1b	芦苇秆	855±25	Putnam et al.,2016	E83.150 000	N38.220 000
136	尼雅河	ETH-46613	TD-14C-438-R1c	芦苇秆	824±25	Putnam et al.,2016	E83.150 000	N38.220 000
137	尼雅河	ETH-46614	TD-14C-438-R1d	芦苇秆	820±25	Putnam et al.,2016	E83.150 000	N38.220 000
138	克里雅河	LUG09-02	C-13	干胡杨树干	327±48	Zhang et al.,2011	E81.500 000	N38.450 000
139	克里雅河	LUG09-09	C-14	腐烂的柽柳根	270±47	Zhang et al.,2011	E81.350 000	N38.966 667

续附表 1.1

序号	采样点	实验室编号	样品编号	测年材料	碳十四年龄/BP	来源	经度/(°)	纬度/(°)
140	克里雅河	LUG09-14	C-15	腐烂的柽柳根	687±72	Zhang et al., 2011	E81.666 667	N38.516 667
141	塔里木河中游	ETH-43843	TD-14C-171-P2	胡杨木	120±30	Putnam et al., 2016	E84.320 000	N40.360 000
142	塔里木河中游	ETH-46144	TD-14C-171-P1	胡杨木	75±25	Putnam et al., 2016	E84.320 000	N40.360 000
143	塔里木河中游	ETH-46145	TD-14C-171-P1r	胡杨木	80±25	Putnam et al., 2016	E84.320 000	N40.360 000
144	塔里木河中游	ETH-46146	TD-14C-171-P3	胡杨木	60±25	Putnam et al., 2016	E84.320 000	N40.360 000

注：pMC是percent modern carbon的简写，指示分析样品的碳十四含量高于标准样品，说明样品的年龄在1950CE之后。

附表 2 罗布泊中世纪林木年轮宽度

附表 2.1 胡杨年轮宽度[①]

年轮序号	测量值									
	Q12840M	Q12841M	Q12842M	Q12843M	Q12844M	Q12845M	Q12846M	Q12847M	Q12848M	Q12849M
1	45	99	111	479	223	211	142	557	577	314
2	169	239	192	559	267	193	180	312	822	372
3	111	344	106	1498	351	301	258	100	606	530
4	357	283	160	493	452	443	399	139	628	573
5	597	239	134	252	469	532	597	774	567	317
6	707	435	702	267	519	541	353	820	587	350
7	667	355	682	315	654	531	213	767	495	273
8	732	418	452	605	301	609	169	569	284	327
9	792	1151	501	468	596	537	198	266	262	182
10	654	1267	640	208	1073	451	156	443	299	93
11	559	686	508	288	1283	814	136	269	212	187
12	673	296	837	272	681	916	133	358	257	193
13	526	569	650	201	286	1035	123	281	203	123
14	521	470	774	215	505	356	97	297	197	83

[①] 年轮宽度=测量值÷100，单位为 mm；后同。

续附表 2.1

年轮序号	测量值									
	Q12840M	Q12841M	Q12842M	Q12843M	Q12844M	Q12845M	Q12846M	Q12847M	Q12848M	Q12849M
15	517	208	541	201	453	420	113	416	164	58
16	552	171	498	220	339	606	103	268	137	36
17	329	286	464	159	292	279	102	296	92	31
18	421	250	471	151	407	240	81	236	86	29
19	877	273	1093	86	256	384	83	250	149	24
20	1056	335	1194	83	100	165	52	202	151	31
21	1299	332	1118	607	109	149	41	201	225	326
22	453	228	257	559	258	104	110	197	746	953
23	370	181	655	805	192	243	118	158	705	815
24	378	158	499	604	287	125	613	172	861	607
25	181	130	354	617	365	109	436	224	657	584
26	257	177	131	807	0	104	800	226	370	912
27	0	164	121	482	0	0	1298	217	524	711
28	0	161	160	343	0	0	735	370	285	378
29	0	139	142	379	0	0	706	701	157	338
30	0	136	155	202	0	0	815	409	206	237

续附表 2.1

年轮序号	测量值									
	Q12840M	Q12841M	Q12842M	Q12843M	Q12844M	Q12845M	Q12846M	Q12847M	Q12848M	Q12849M
31	0	152	151	201	0	0	547	297	218	220
32	0	116	0	300	0	0	471	193	0	271
33	0	159	0	287	0	0	369	446	0	321
34	0	147	0	218	0	0	606	242	0	234
35	0	168	0	107	0	0	448	325	0	144
36	0	151	0	111	0	0	368	411	0	154
37	0	149	0	91	0	0	292	323	0	139
38	0	93	0	68	0	0	207	393	0	145
39	0	156	0	68	0	0	151	333	0	126
40	0	128	0	87	0	0	146	396	0	144
41	0	147	0	76	0	0	153	215	0	143
42	0	191	0	66	0	0	114	306	0	86
43	0	156	0	90	0	0	77	206	0	115
44	0	143	0	93	0	0	85	285	0	0
45	0	122	0	90	0	0	96	458	0	0
46	0	128	0	66	0	0	112	371	0	0
47	0	130	0	72	0	0	57	375	0	0

续附表 2.1

年轮序号	测量值									
	Q12840M	Q12841M	Q12842M	Q12843M	Q12844M	Q12845M	Q12846M	Q12847M	Q12848M	Q12849M
48	0	90	0	0	0	0	59	0	0	0
49	0	69	0	0	0	0	89	0	0	0
50	0	70	0	0	0	0	0	0	0	0
51	0	67	0	0	0	0	0	0	0	0
52	0	52	0	0	0	0	0	0	0	0
53	0	70	0	0	0	0	0	0	0	0
54	0		0	0	0	0	0	0	0	0
55	0		0	0	0	0	0	0	0	0
56	0		0	0	0	0	0	0	0	0
57	0		0	0	0	0	0	0	0	0
58	0		0	0	0	0	0	0	0	0
59	0		0	0	0	0	0	0	0	0
60	0		0	0	0	0	0	0	0	0

附表 2.2 柽柳年轮宽度

年轮轮序号	测量值							
	Q12850M	Q12852M	Q12853M	Q12854M	Q12855M	Q12858M	Q12859M	
1	65	491	301	226	87	169	67	
2	66	281	138	195	177	290	48	
3	48	77	148	375	176	353	68	
4	49	68	117	367	47	306	50	
5	34	102	145	303	49	315	32	
6	43	142	208	251	81	268	29	
7	51	347	595	199	115	270	38	
8	71	183	395	176	147	238	33	
9	110	564	541	176	102	217	40	
10	107	336	363	177	173	215	50	
11	88	181	195	220	131	206	43	
12	111	268	130	226	89	181	53	
13	85	289	242	180	104	166	58	
14	73	230	213	169	91	168	51	
15	37	128	181	246	88	189	51	
16	44	94	163	216	54	162	71	
17	37	57	84	240	45	213	67	

附表 2.2

年轮序号	测量值					
	Q12850M	Q12852M	Q12853M	Q12854M	Q12855M	Q12858M	Q12859M
18	46	48	75	227	35	224	63
19	75	59	74	229	35	218	61
20	150	84	82	211	65	213	66
21	156	105	120	160	86	186	40
22	161	116	152	195	99	148	66
23	208	118	195	212	189	273	59
24	203	115	207	169	240	357	66
25	203	115	246	163	209	221	62
26	226	124	253	95	219	189	62
27	210	124	247	97	189	143	59
28	193	136	241	82	144	128	82
29	204	122	233	96	144	97	77
30	218	121	222	102	141	104	76
31	141	94	176	124	137	110	65
32	203	112	186	125	88	101	68
33	213	125	178	138	146	105	51
34	193	106	170	113	155	105	48

续附表 2.2

年轮序号	测量值					
	Q12850M	Q12852M	Q12853M	Q12854M	Q12855M	Q12858M	Q12859M
35	180	104	145	84	146	101	43
36	214	105	143	69	130	74	37
37	234	99	134	67	119	83	34
38	204	78	139	60	117	94	64
39	196	80	121	71	116	86	49
40	170	61	101	69	104	95	46
41	133	47	72	75	108	115	31
42	146	49	77	78	101	124	37
43	151	51	54	155	82	134	31
44	207	65	92	220	82	344	39
45	176	68	106	180	99	242	47
46	170	80	130	0	120	81	49
47	173	75	123	0	122	75	58
48	184	77	114	0	103	260	44
49	146	78	92	0	112	180	48
50	132	98	104	0	110	133	62
51	141	86	90	0	104	87	50

续附表 2.2

年轮序号	测量值						
	Q12850M	Q12852M	Q12853M	Q12854M	Q12855M	Q12858M	Q12859M
52	145	86	90	0	87	93	51
53	107	92	97	0	74	76	56
54	87	107	113	0	69	74	57
55	163	69	83	0	66	84	48
56	134	66	36	0	47	123	50
57	129	72	54	0	39	143	41
58	0	60	82	0	49	168	51
59	0	49	64	0	41	129	46
60	0	75	72	0	51	130	40
61	0	0	41	0	50	96	37
62	0	0	0	0	51	72	46
63	0	0	0	0	62	84	46
64	0	0	0	0	51	95	48
65	0	0	0	0	27	125	52
66	0	0	0	0	67	95	54
67	0	0	0	0	72	97	57
68	0	0	0	0	0	81	52

续附表 2.2

年轮序号	测量值						
	Q12850M	Q12852M	Q12853M	Q12854M	Q12855M	Q12858M	Q12859M
69	0	0	0	0	0	120	57
70	0	0	0	0	0	129	65
71	0	0	0	0	0	70	57
72	0	0	0	0	0	102	60
73	0	0	0	0	0	90	68
74	0	0	0	0	0	68	62
75	0	0	0	0	0	44	67
76	0	0	0	0	0	61	62
77	0	0	0	0	0	71	71
78	0	0	0	0	0	74	74
79	0	0	0	0	0	89	50
80	0	0	0	0	0	92	59
81	0	0	0	0	0	75	75
82	0	0	0	0	0	48	68
83	0	0	0	0	0	79	57
84	0	0	0	0	0	74	64
85	0	0	0	0	0	63	58

续附表 2.2

年轮序号	测量值					
	Q12850M	Q12852M	Q12853M	Q12854M	Q12855M	Q12858M	Q12859M
86	0	0	0	0	0	0	60
87	0	0	0	0	0	0	63
88	0	0	0	0	0	0	71
89	0	0	0	0	0	0	53
90	0	0	0	0	0	0	54
91	0	0	0	0	0	0	60
92	0	0	0	0	0	0	52
93	0	0	0	0	0	0	50
94	0	0	0	0	0	0	56
95	0	0	0	0	0	0	48
96	0	0	0	0	0	0	34
97	0	0	0	0	0	0	50
98	0	0	0	0	0	0	39
99	0	0	0	0	0	0	43
100	0	0	0	0	0	0	57
101	0	0	0	0	0	0	55
102	0	0	0	0	0	0	40

续附表 2.2

年轮序号	测量值						
	Q12850M	Q12852M	Q12853M	Q12854M	Q12855M	Q12858M	Q12859M
103	0	0	0	0	0	0	36
104	0	0	0	0	0	0	45
105	0	0	0	0	0	0	50
106	0	0	0	0	0	0	60
107	0	0	0	0	0	0	58
108	0	0	0	0	0	0	54
109	0	0	0	0	0	0	53
110	0	0	0	0	0	0	56
111	0	0	0	0	0	0	60
112	0	0	0	0	0	0	71
113	0	0	0	0	0	0	62
114	0	0	0	0	0	0	49
115	0	0	0	0	0	0	55
116	0	0	0	0	0	0	64
117	0	0	0	0	0	0	59
118	0	0	0	0	0	0	62
119	0	0	0	0	0	0	59

续附表 2.2

年轮序号	测量值					
	Q12850M	Q12852M	Q12853M	Q12854M	Q12855M	Q12858M	Q12859M
120	0	0	0	0	0	0	59
121	0	0	0	0	0	0	56
122	0	0	0	0	0	0	73
123	0	0	0	0	0	0	63
124	0	0	0	0	0	0	52
125	0	0	0	0	0	0	58
126	0	0	0	0	0	0	62
127	0	0	0	0	0	0	63
128	0	0	0	0	0	0	50
129	0	0	0	0	0	0	58
130	0	0	0	0	0	0	48
131	0	0	0	0	0	0	76
132	0	0	0	0	0	0	50
133	0	0	0	0	0	0	46
134	0	0	0	0	0	0	45
135	0	0	0	0	0	0	44
136	0	0	0	0	0	0	56

续附表 2.2

年轮序号	测量值					
	Q12850M	Q12852M	Q12853M	Q12854M	Q12855M	Q12858M	Q12859M
137	0	0	0	0	0	0	62
138	0	0	0	0	0	0	46
139	0	0	0	0	0	0	49
140	0	0	0	0	0	0	41
141	0	0	0	0	0	0	52
142	0	0	0	0	0	0	55
143	0	0	0	0	0	0	55
144	0	0	0	0	0	0	54